## もくじと学しゅうのきろく

| | | 学しゅう日 | | 学しゅう日 | とくてん |
|---|---|---|---|---|---|
| 1 あつまりと かず | 2 | 標準クラス | / | ハイクラス / | てん |
| 2 10までの かず | 6 | 標準クラス | / | ハイクラス / | てん |
| 3 なんばんめ | 10 | 標準クラス | / | ハイクラス / | てん |
| 4 かずの わけかた | 14 | 標準クラス | / | ハイクラス / | てん |
| 5 たしざん ① | 18 | 標準クラス | / | ハイクラス / | てん |
| 6 ひきざん ① | 22 | 標準クラス | / | ハイクラス / | てん |
| チャレンジテスト ① | 26 | | | / | てん |
| チャレンジテスト ② | 28 | | | / | てん |
| 7 20までの かず | 30 | 標準クラス | / | ハイクラス / | てん |
| 8 たしざん ② | 34 | 標準クラス | / | ハイクラス / | てん |
| 9 ひきざん ② | 38 | 標準クラス | / | ハイクラス / | てん |
| 10 3つの かずの けいさん | 42 | 標準クラス | / | ハイクラス / | てん |
| チャレンジテスト ③ | 46 | | | / | てん |
| チャレンジテスト ④ | 48 | | | / | てん |
| 11 大きい かず | 50 | 標準クラス | / | ハイクラス / | てん |
| 12 たしざん ③ | 54 | 標準クラス | / | ハイクラス / | てん |
| 13 ひきざん ③ | 58 | 標準クラス | / | ハイクラス / | てん |
| 14 いろいろな もんだい ① | 62 | 標準クラス | / | ハイクラス / | てん |
| 15 いろいろな もんだい ② | 66 | 標準クラス | / | ハイクラス / | てん |
| 16 □の ある しき | 70 | 標準クラス | / | ハイクラス / | てん |
| チャレンジテスト ⑤ | | | | / | てん |
| チャレンジテスト ⑥ | | | | / | てん |
| 17 ながさくらべ | | | | 標準クラス / | ハイクラス / | てん |
| 18 かさくらべ | | | | 標準クラス / | ハイクラス / | てん |
| 19 ひろさくらべ | 86 | 標準クラス | / | ハイクラス / | てん |
| チャレンジテスト ⑦ | 90 | | | / | てん |
| チャレンジテスト ⑧ | 92 | | | / | てん |
| 20 いろいろな かたち | 94 | 標準クラス | / | ハイクラス / | てん |
| 21 かたちづくり | 98 | 標準クラス | / | ハイクラス / | てん |
| 22 つみ木と かたち | 102 | 標準クラス | / | ハイクラス / | てん |
| チャレンジテスト ⑨ | 106 | | | / | てん |
| チャレンジテスト ⑩ | 108 | | | / | てん |
| 23 とけい | 110 | 標準クラス | / | ハイクラス / | てん |
| 24 せいりの しかた | 114 | 標準クラス | / | ハイクラス / | てん |
| チャレンジテスト ⑪ | 118 | | | / | てん |
| チャレンジテスト ⑫ | 120 | | | / | てん |
| そうしあげテスト ① | 122 | | | / | てん |
| そうしあげテスト ② | 124 | | | / | てん |
| そうしあげテスト ③ | 126 | | | / | てん |

JN078507

本書に関する最新情報は、小社ホームページにある**本書の「サポート情報」**をご覧ください。(開設していない場合もございます。)
なお、この本の内容についての責任は小社にあり、内容に関するご質問は直接小社におよせください。

# 1 あつまりと　かず

**1** おなじ　かずを　せんで　むすびましょう。

 •

 •

 •

 •

 •

 •

 •

 •

 •

 •

**2** おなじ　かずだけ，○に　いろを　ぬりましょう。

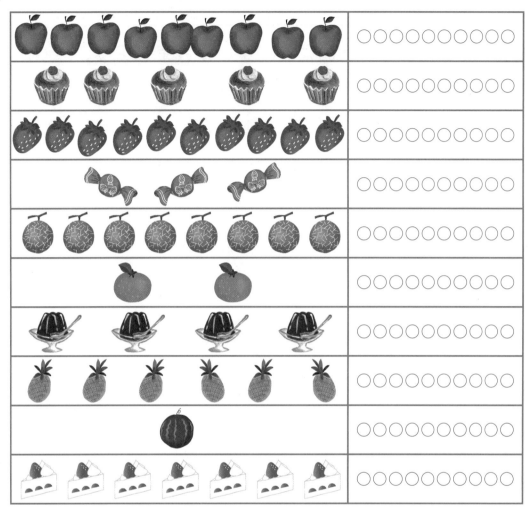

**3** おおい　ほうに　○を　かきましょう。

(1)

(2)

(3)

(4)

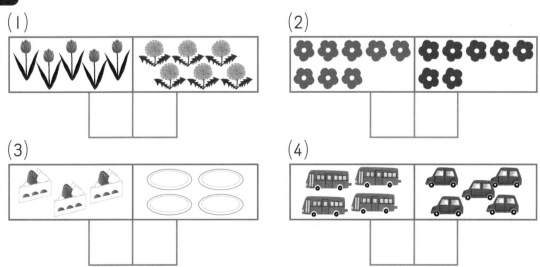

ハイクラス

こたえ ▶ べっさつ2ページ

じかん 20ぷん　とくてん

ごうかく 80てん　　てん

**1** あてはまる ものに ○を かきましょう。(12てん/1つ6てん)

(1) すくないのは どちらですか。

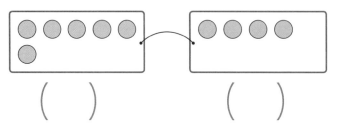

( )　　　　　　( )

(2) いちばん おおいのは どれですか。

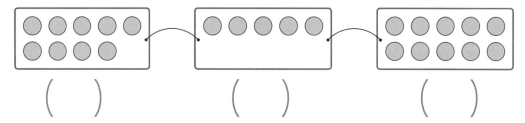

( )　　　　( )　　　　( )

**2** おはじきとばしを しました。
えを みて, もんだいの こたえの
かずだけ ○に いろを ぬりましょう。

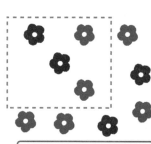

(24てん/1つ6てん)

(1) おはじきは ぜんぶで いくつ
ありますか。

(2) ▢の なかに いくつ ありますか。

(3) ▢の そとに いくつ ありますか。

(4) あかい おはじきは いくつ
ありますか。

**3** みぎの おはじきの かずと おなじに
なるように ○を かきたしましょう。
おおい ○は ×で けしましょう。

(36てん／1つ6てん)

(1)

(2)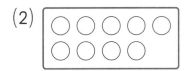

(3)

(4)

(5)

(6)

**4** えを みて, あうほうの ことばを ◯で かこみま
しょう。(28てん／1つ7てん)

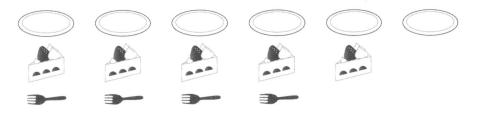

(1) おさら は けえき より （ おおい ・ すくない ）です。

└ あてはまる ほうを ○で かこみましょう。

(2) ◯ は （ たります ・ たりません ）。

(3) ふぉおく は けえき より （ おおい ・ すくない ）です。

(4) ━ は （ たります ・ たりません ）。

こたえ ▶ べっさつ3ページ

# 2 10までの かず

 標準クラス

**1** いくつですか。すうじで かきましょう。

(1)
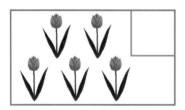

(2)
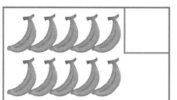

(3)
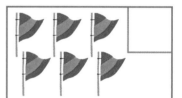

(4)

(5)
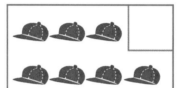

(6)

**2** すうじの かずだけ, ○に いろを ぬりましょう。

(1) 8

(2) 5

(3) 7

(4) 10

**3** どちらの かずが おおきいですか。おおきい ほうに
○を つけましょう。

(1)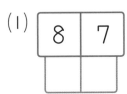

(2)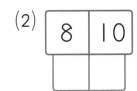

(3)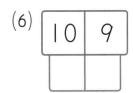

(4)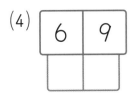

(5)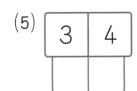

(6)

**4** □に あてはまる かずを かきましょう。

(1) | 3 | 4 | 5 | | 7 |

(2) | 6 | | | 9 | 10 |

(3) | | | 6 | 7 | 8 |

(4) | 8 | 7 | | 5 | |

(5) | 10 | 9 | | | 6 |

**5** ○が 8つに なるように, ○を かきたしましょう。
おおい ○は, ×で けしましょう。

**1** つぎの かずを, おおきい じゅんに ならべましょう。

(18てん /1つ6てん)

(1) 8　3　1　0　6　5　4　7　2

(　　　　　　　　　　　　　　　　　　　)

(2) 3　4　8　7　6　10　9　5

(　　　　　　　　　　　　　　　　　　　)

(3) 4　8　10　0　2　6

(　　　　　　　　　　　　　　　　　　　)

**2** たまいれを しました。えを みて こたえましょう。

ななみ  　　　たくや

(1) なんこ はいりましたか。(10てん /1つ5てん)

ななみ (　　) こ　たくや (　　) こ

(2) どちらが なんこ おおいですか。(6てん)

(　ななみさん ・ たくやさん　) が (　　) こ おおいです。

└ あてはまる ほうを ○で かこみましょう。

**3** 2つの　かずの　ちがいを　すうじで　かきましょう。

(24てん／1つ4てん)

(1)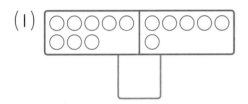

(2)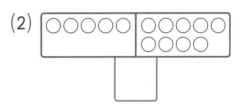

(3)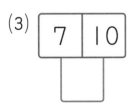

(4)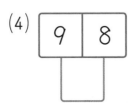

(5)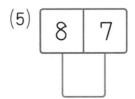

(6)
| 4 | 6 |
|---|---|

**4** つぎの　かずを　かきましょう。(24てん／1つ6てん)

(1) 8の　つぎの　かず　　　　　　　　　　　　（　　　）

(2) 6の　3つ　あとの　かず　　　　　　　　　（　　　）

(3) 7の　2つ　まえの　かず　　　　　　　　　（　　　）

(4) 10の　1つ　まえの　かず　　　　　　　　（　　　）

**5** □に　あてはまる　かずを　かきましょう。(18てん／1つ6てん)

(1)
| 1 | □ | 5 | □ | 9 |
|---|---|---|---|---|

(2)
| □ | 4 | □ | 8 | 10 |
|---|---|---|---|---|

(3)
| 10 | □ | □ | 4 | 2 |
|----|---|---|---|---|

# 3 なんばんめ

**1** えを みて, もんだいに こたえましょう。

(1) かおるさんは まえから なんばんめですか。

（　　　　　　）

(2) たくみさんは うしろから なんばんめですか。

（　　　　　　）

(3) たくみさんの うしろに なんにん ならんで いますか。

（　　　　　　）

(4) ぜんぶで なんにん ならんで いますか。

（　　　　　　）

**2** 4ばんめに おおきい かずに ○を つけましょう。

(1) 8  7  2  9  4  0

(2) 6  2  5  3  0  1  9

**3** そうたさんと　ゆいさんが　かいだんに　たって　います。

(1) ゆいさんは　したから　なんだんめに　　（　　　　　　　）
　　たって　いますか。

(2) ゆいさんは　そうたさんより　なんだ　（　　　　　　　）
　　ん　したに　いますか。

(3) えの　○の　なかに　あてはまる　すうじを　かきま
　　しょう。

**4** □に　あてはまる　かずを　かきましょう。

こどもは　みんなで　□にん　います。

まえから　□にん　すわって　います。

てを　あげて　いる　ひとは　うしろから　□ばん
めです。

# 3 なんばんめ　→ ハイクラス

1 えを みて，もんだいに こたえましょう。(35てん/1つ7てん)

まえ　　　　　　　　　　　　　　　　　　　うしろ

(1) りくさんは まえから 3ばんめです。りくさんに
　○を つけましょう。

(2) りくさんの うしろに なんにん　　　（　　　　　）
　いますか。

(3) くみこさんは うしろから 2ばんめです。くみこさん
　に □を つけましょう。

(4) くみこさんの まえに なんにん　　　（　　　　　）
　いますか。

(5) りくさんと くみこさんの あいだに　（　　　　　）
　なんにん いますか。

2 10にんの こどもが いすに すわって います。

ひだり　　　　　　　　　　　　　　　　　みぎ

(1) あかい ふくの 子どもは みぎから なんばんめの
　いすに すわって いますか。(14てん/1つ7てん)

　　　　　　　　（　　　　　）と（　　　　　）

(2) あかい ふくの こどもの あいだに　（　　　　　）
　なんにん いますか。(7てん)

**3** えを みて, もんだいに こたえましょう。

(28てん/1つ7てん)

(1) さるは うえから なんばん （　　　）
めに いますか。

(2) うさぎは したから なんば （　　　）
んめに いますか。

(3) うえから 6ばんめに なに （　　　）
が いますか。

(4) りすより したに, なんびき （　　　）
いますか。

**4** えを みて, もんだいに こたえましょう。(16てん/1つ8てん)

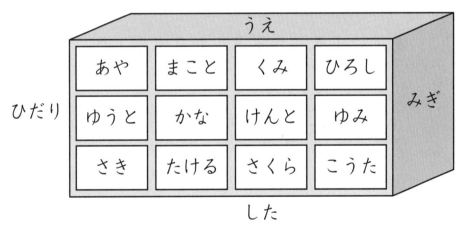

(1) うえから 2だんめで, みぎから 3ばんめの たなは
だれの たなですか。　　　　　　　（　　　　　　）

(2) こうたさんの たなの ばしょは どこですか。

うえから （　　）だんめで, ひだりから（　　）ばんめ

# 4 かずの わけかた

 標準クラス

**1** うえと したの かずを せんで むすんで, あわせて 9に しましょう。

| 8 | 4 | 7 | 3 | 5 | 2 |

| 2 | 7 | 1 | 5 | 6 | 4 |

**2** □に あてはまる かずを かきましょう。

(1) 2と 5で □ です。

(2) 3と 7で □ です。

(3) □ と 3で 7です。

(4) □ と 1で 10です。

(5) 6と □ で 8です。

(6) 2と □ で 6です。

**3** こねこが 7ひき います。□に あてはまる かずを かきましょう。

(1) はこの なかには なんびき いますか。

□ びき

(2) はこの そとには なんびき いますか。

□ ひき

(3) 7は 3と □ です。

**4** □に あてはまる かずを かきましょう。

(1) □ は 5と 4

(2) □ は 2と 4

(3) 10は □ と 3

(4) 10は □ と 4

(5) 8は 6と □

(6) 7は □ と 4

**5** うえの ほうに ある かずを, 2つに わけます。□に あてはまる かずを かきましょう。

(1)
```
    8
   / \
  3   □
```

(2)
```
    6
   / \
  □   1
```

(3)
```
    □
   / \
  8   2
```

**1** 3つの かずを あわせて 10に なる かずを, せんで むすびましょう。おなじ ものは 1かいしか つかえません。(30てん/1くみ6てん)

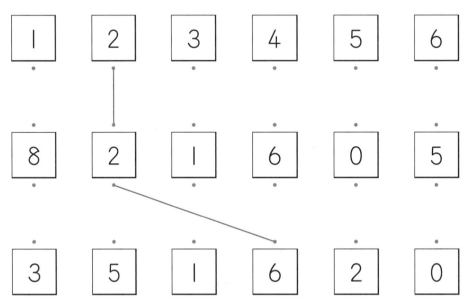

**2** こうきさんは あかえんぴつを 4ほん, くろえんぴつを 6ぽん もって います。したの □に あてはまる えんぴつの かずを かきましょう。(12てん/□1つ4てん)

(1) それぞれ 10ぽんに するには, あかは ☐ ぽん, くろは ☐ ほん いります。

(2) あかえんぴつが あと ☐ ほん あれば, くろえんぴつと おなじ かずに なります。

**3** まんなかの □の かずを, 3つに わけます。○に
あてはまる かずを かきましょう。(30てん/1つ5てん)

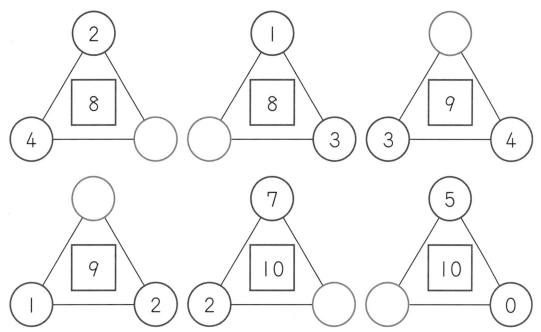

**4** 10は 1と 4と 5に わけられます。ほかには
どのように わけられますか。(16てん/1つ4てん)

(1) 2と 5と □　　(2) 3と 6と □

(3) 4と 3と □　　(4) 5と 1と □

**5** □に あてはまる かずを かきましょう。(12てん/1つ6てん)

(1) 3と 5と 2で □

(2) □ は 4と 2と 1

# 5 たしざん ①

**1** たしざんを しましょう。

(1) 3＋1　　(2) 2＋1　　(3) 1＋4

(4) 2＋3　　(5) 4＋5　　(6) 2＋7

(7) 6＋1　　(8) 3＋4　　(9) 3＋6

(10) 1＋8　　(11) 4＋6　　(12) 5＋1

(13) 2＋2　　(14) 3＋5　　(15) 7＋1

(16) 3＋7　　(17) 4＋2　　(18) 2＋5

**2** たしざんを しましょう。

(1) 5＋0　　(2) 0＋2　　(3) 9＋0

(4) 0＋7　　(5) 3＋0　　(6) 0＋0

**3** おとこのこが 3にん, おんなのこが 4にん います。
あわせて なんにん いますか。
(しき)

こたえ (           )

**4** みかんが 4こ あります。6こ ふえると, なんこに
なりますか。
(しき)

こたえ (           )

**5** はとが 5わ いました。そこに 3わ とんで きま
した。あわせて なんわに なりましたか。
(しき)

こたえ (           )

**6** まんなかの かずと, まわりの かずを たしましょう。

(1)                              (2)

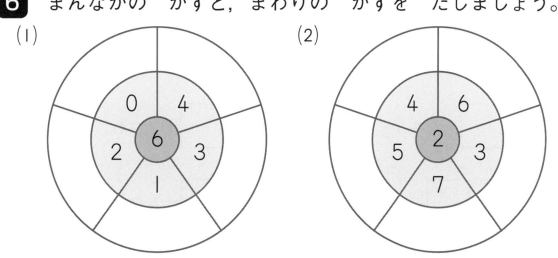

# 5 たしざん① ➡ ハイクラス

## 1 たしざんを しましょう。(54てん/1つ3てん)

(1) $6+2$

(2) $4+4$

(3) $7+3$

(4) $8+0$

(5) $1+8$

(6) $0+6$

(7) $5+5$

(8) $3+4$

(9) $2+8$

(10) $7+2$

(11) $0+9$

(12) $1+7$

(13) $3+5$

(14) $5+4$

(15) $9+1$

(16) $6+4$

(17) $3+6$

(18) $4+3$

## 2 □に あてはまる かずを かきましょう。(18てん/1つ3てん)

(1) $3+\boxed{\phantom{0}}=5$

(2) $5+\boxed{\phantom{0}}=8$

(3) $\boxed{\phantom{0}}+4=9$

(4) $\boxed{\phantom{0}}+2=6$

(5) $6+\boxed{\phantom{0}}=9$

(6) $\boxed{\phantom{0}}+4=7$

**3** すずめが　5わ　いました。そこへ　2わ　とんで　き
ました。いま，なんわ　いますか。(9てん)
（しき）

こたえ（　　　　　）

**4** おりづるを　4こ　おりました。つぎに　6こ　おりま
した。ぜんぶで　なんこ　おりましたか。(9てん)
（しき）

こたえ（　　　　　）

**5** みぎの　えを　みて，
6+3の　しきに　なる
もんだいの　つづきを
つくりましょう。(10てん)

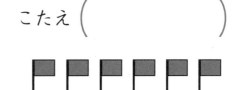

あかい　はたが　6ぽん　あります。

しろい　はたが

# 6 ひきざん ①

**1** ひきざんを しましょう。

(1) 4－3　　　(2) 3－1　　　(3) 5－2

(4) 2－1　　　(5) 4－2　　　(6) 5－1

(7) 7－2　　　(8) 9－3　　　(9) 3－2

(10) 6－3　　　(11) 8－2　　　(12) 10－1

(13) 9－5　　　(14) 8－3　　　(15) 7－4

(16) 10－8　　　(17) 10－3　　　(18) 7－5

**2** ひきざんを しましょう。

(1) 3－0　　　(2) 6－0　　　(3) 5－5

(4) 8－0　　　(5) 4－4　　　(6) 0－0

**3** みかんが　7こ　ありました。そのうち，3こ　たべました。いま，なんこ　のこって　いますか。

(しき)

こたえ（　　　　　　　）

**4** こどもが　8にん　います。そのうち，おんなのこは　5にんです。おとこのこは　なんにん　いますか。

(しき)

こたえ（　　　　　　　）

**5** おりがみが　9まい　あります。2まい　つかって，おりづるを　つくると，のこりは　なんまいですか。

(しき)

こたえ（　　　　　　　）

**6** まんなかの　かずから，まわりの　かずを　ひきましょう。

(1)

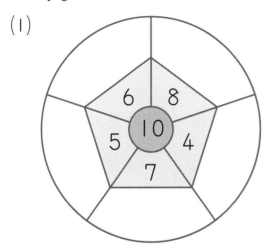

(2)

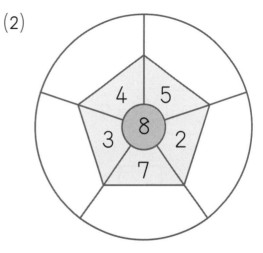

# 6 ひきざん ① ➡ ハイクラス

## 1 ひきざんを しましょう。 (54てん / 1つ3てん)

(1) $8-5$

(2) $9-8$

(3) $6-2$

(4) $7-0$

(5) $6-5$

(6) $5-3$

(7) $7-6$

(8) $8-8$

(9) $9-0$

(10) $10-6$

(11) $10-2$

(12) $9-7$

(13) $9-1$

(14) $7-7$

(15) $9-6$

(16) $10-7$

(17) $10-4$

(18) $10-9$

## 2 □に あてはまる かずを かきましょう。 (18てん / 1つ3てん)

(1) $8-\boxed{\phantom{0}}=5$

(2) $9-\boxed{\phantom{0}}=3$

(3) $\boxed{\phantom{0}}-2=7$

(4) $\boxed{\phantom{0}}-3=4$

(5) $10-\boxed{\phantom{0}}=4$

(6) $\boxed{\phantom{0}}-6=2$

**3** いろがみが　10まい　あります。3まい　つかうと，
のこりは　なんまいですか。(9てん)
（しき）

こたえ（　　　　　　）

**4** おんなのこが　9にん，おとこのこが　6にん　います。
どちらが　なんにん　おおいですか。(9てん)
（しき）

こたえ（　　　　　）が（　　）にん　おおい。

**5** したの　えを　みて，8−5の　しきに　なる　もんだ
いの　つづきを　つくりましょう。(10てん)

いぬが　8ひき　います。

ねこが

## チャレンジテスト①

じかん　20ぷん　とくてん

ごうかく　80てん　　　　てん

**1** いくつですか。すうじで　かきましょう。(24てん/1つ3てん)

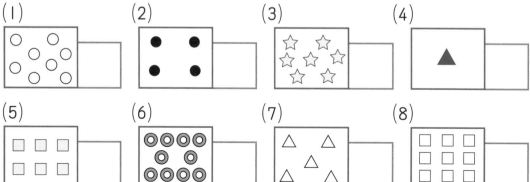

(1)　(2)　(3)　(4)

(5)　(6)　(7)　(8)

**2** おおい　ほうに　○を　かきましょう。(12てん/1つ3てん)

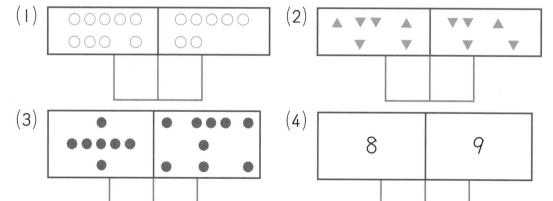

(1)　(2)

(3)　(4)　8　9

**3** □に　あてはまる　かずを　かきましょう。(16てん/1つ4てん)

(1) 2と　□　で　10です。

(2) □　は　4と　6です。

(3) 10は　5と　3と　□　に　わけられます。

(4) 3と　1と　4で　□　です。

4 けいさんを しましょう。(36てん/1つ3てん)

(1) 6+4　　　(2) 7+2　　　(3) 3+4

(4) 2+6　　　(5) 5+3　　　(6) 9+1

(7) 8−7　　　(8) 9−6　　　(9) 7−4

(10) 10−6　　(11) 10−3　　(12) 10−0

5 1から 9までの かずを つかった, こたえが 5に
なる けいさん カードを ならべます。あいて いる
カードに あう しきを かきましょう。(8てん/1つ4てん)

(たしざん)　　　　　(ひきざん)

| 1+4 | | 6−1 |
| 2+3 | | 7−2 |
| | | 8−3 |
| 4+1 | | |

6 おりがみが 10まい あります。ゆきなさんと あや
かさんで のこらないように おなじ かずずつ わけ
ます。なんまいずつ わければ よいですか。(4てん)

(　　　　　　)

㉗

チャレンジテスト②

こたえ ▶ べっさつ9ページ

| じかん 25ふん | とくてん |
|---|---|
| ごうかく 80てん | てん |

**1** ○に あてはまる かずを かきましょう。(12てん/1つ4てん)

(1) ◯—1—◯—3—◯—5—◯

(2) ◯—7—◯—5—◯—3—◯

(3) 10—◯—6—◯—2—◯

**2** いくつですか。かずを かきましょう。(15てん/1つ5てん)

(1) 6より 3 おおきい かず　　　　　　（　　　　　）

(2) 9より 2 ちいさい かず　　　　　　（　　　　　）

(3) 10より 7 ちいさい かず　　　　　　（　　　　　）

**3** したの ずを みて, もんだいに こたえましょう。
(20てん/1つ5てん)

◯◯◯◯◯◯◯◯◯◯

(1) ひだりから 3ばんめの ○に, あかいろを ぬりましょう。

(2) あかいろを ぬった ○は みぎから（　　　　　）なんばんめですか。

(3) みぎから 5ばんめまで, ○に くろいろを ぬりましょう。

(4) いろを ぬって いない ○は いくつ（　　　　　）ありますか。

4 □に あてはまる かずや, ＋, － を かきましょう。

（30てん／1つ5てん）

(1) 4＋□＝7

(2) □＋5＝10

(3) 10－□＝9

(4) □－9＝0

(5) 7□2＝9

(6) 8□6＝2

5 くりが 10こ あります。7こ たべると, なんこ のこりますか。(7てん)

（しき）

こたえ （　　　　　　　）

6 あかい はなが 9ほん, しろい はなが 7ほん さいて います。どちらの いろの はなが なんぼん おおく さいて いますか。(8てん)

（しき）

こたえ （　　　　　　） はなが （　　　）ほん おおい。

7 いちごを 5こ たべました。まだ, 3こ のこっています。はじめに いちごは なんこ ありましたか。(8てん)

（しき）

こたえ （　　　　　　　）

# 7 20までの かず

**1** すう字の かずに なるように, ○を かきたしましょう。

| 17 | ○○○○○○○○○○<br>○○○○ | | 14 | ○○○○○○○ |
|---|---|---|---|---|
| 16 | ○○○○○○○○○○ | | 20 | ○○○○○○○○○○○○<br>○○ |

**2** すう字で かきましょう。

(1)

（　　　）人

(2)

（　　　）ぴき

(3)

（　　　）こ

**3** □に あてはまる かずを かきましょう。

(1) 8 — 9 — □ — 11 — □ — 13

(2) □ — 19 — 18 — 17 — □ — 15

(3) 6 — 8 — □ — □ — 14 — 16

(4) 10 — 12 — □ — 16 — □ — 20

(5) 18 — □ — 16 — 15 — 14 — □

**4** □に あてはまる かずを かきましょう。

(1) 10と 2で □

(2) □ と 4で 14

(3) 10と 3で □

(4) 6と □ で 16

(5) 8と □ で 18

(6) □ と 10で 19

(7) 13は □ と 3

(8) 18は 10と □

(9) 17は, 10が 1こと 1が □ こ

(10) □ は, 10が 1こと 1が 4こ

# 7 20までの かず

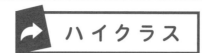 ハイクラス

## 1 かずを すう字で かきましょう。(16てん /1つ4てん)

(1)

(　　　)こ

(2)

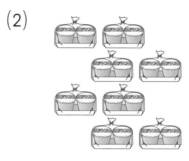

(　　　)こ

(3)

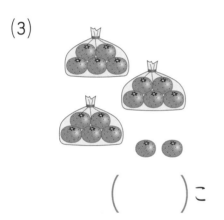

(　　　)こ

(4)

(　　　)まい

## 2 いちばん 大きい かずに, ○を つけましょう。

(20てん /1つ5てん)

(1)

| 14 | 16 | 13 |

(2)

| 15 | 14 | 17 |

(3)

| 19 | 15 | 18 |

(4)

| 20 | 18 | 10 |

**3** □に あてはまる かずを かきましょう。(30てん /□1つ5てん)

(1)
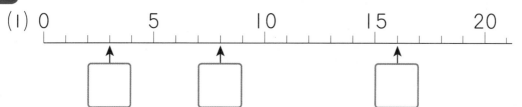

(2)
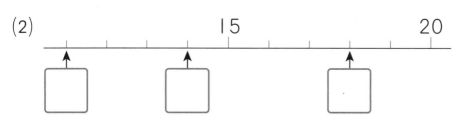

**4** 10より 大きく，18より 小さい かずを ぜんぶ
えらんで，○を つけましょう。(4てん)

8， 13， 19， 16， 9

**5** □に あてはまる かずを かきましょう。(30てん /1つ5てん)

(1) 15より 3 大きい かずは □

(2) 10より 2 大きい かずは □

(3) 10より 10 大きい かずは □

(4) 12より 2 小さい かずは □

(5) 20より 4 小さい かずは □

(6) 20と 18の ちがいは □

# 8 たしざん ②

標準クラス

**1** たしざんを しましょう。

(1) 9＋2　　　(2) 8＋4　　　(3) 7＋5

(4) 8＋5　　　(5) 9＋3　　　(6) 7＋4

(7) 8＋9　　　(8) 5＋6　　　(9) 8＋3

(10) 6＋5　　　(11) 4＋8　　　(12) 6＋9

(13) 9＋5　　　(14) 8＋7　　　(15) 4＋9

(16) 5＋9　　　(17) 8＋8　　　(18) 6＋8

(19) 8＋6　　　(20) 4＋7　　　(21) 7＋9

(22) 6＋6　　　(23) 9＋7　　　(24) 3＋9

**2** 男の子が 8人，女の子が 3人 います。あわせて
なん人 いますか。
（しき）

こたえ （　　　　　　　）

**3** はとが 7わ いました。そこに 5わ きました。いま，
なんわに なりましたか。
（しき）

こたえ （　　　　　　　）

**4** どんぐりを 4こ もって います。ともだちから 9
こ もらうと，あわせて なんこに なりますか。
（しき）

こたえ （　　　　　　　）

**5** こたえが 12に なる しきを 6つ つくりましょう。
（□に はいるのは 1から 9までの かずです。）

□ ＋ □ ＝12　　　□ ＋ □ ＝12

□ ＋ □ ＝12　　　□ ＋ □ ＝12

□ ＋ □ ＝12　　　□ ＋ □ ＝12

# 8 たしざん ②  ハイクラス

**1** たしざんを しましょう。(36てん / 1つ2てん)

(1) 9＋4  (2) 7＋7  (3) 7＋8

(4) 6＋7  (5) 9＋9  (6) 5＋7

(7) 10＋8  (8) 7＋10  (9) 10＋4

(10) 5＋10  (11) 10＋3  (12) 9＋10

(13) 12＋6  (14) 14＋4  (15) 11＋5

(16) 7＋11  (17) 16＋3  (18) 4＋15

**2** まん中の かずと まわりの かずを たしましょう。

(24てん / くうらん1つ2てん)

(1)

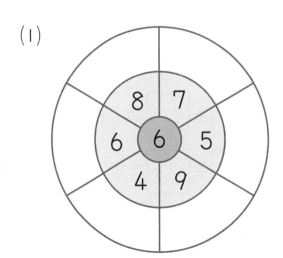

(2)

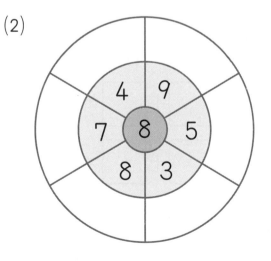

**3** □に あてはまる かずを かきましょう。(12てん/1つ2てん)

(1) □ +4=11

(2) □ +7=15

(3) 6+ □ =13

(4) 9+ □ =18

(5) □ +9=14

(6) 5+ □ =12

**4** 赤い はたが 10本, 白い はたが 8本 あります。
あわせて なん本 ありますか。(8てん)
(しき)

こたえ (          )

**5** ちょうが 13びき いました。いま, 4ひき きました。
なんびきに なりましたか。(10てん)
(しき)

こたえ (          )

**6** あそんで いると, 6人 かえりました。まだ, 11人
のこって います。はじめに なん人 いましたか。(10てん)
(しき)

こたえ (          )

# 9 ひきざん ②

**1** ひきざんを しましょう。

(1) $11-3$　　(2) $12-5$　　(3) $12-3$

(4) $11-5$　　(5) $13-4$　　(6) $11-9$

(7) $11-2$　　(8) $12-7$　　(9) $13-5$

(10) $14-9$　　(11) $11-8$　　(12) $14-5$

(13) $11-6$　　(14) $15-8$　　(15) $13-9$

(16) $12-4$　　(17) $16-9$　　(18) $16-8$

(19) $17-8$　　(20) $13-7$　　(21) $11-4$

(22) $13-8$　　(23) $14-6$　　(24) $18-9$

**2** くりが 12こ あります。6こ たべると, なんこ
のこりますか。

(しき)

こたえ (　　　　　　)

**3** おりがみが 15まい ありました。おりづるを 9こ
おりました。おりがみは なんまい のこって います
か。

(しき)

こたえ (　　　　　　)

**4** 子どもが 11人 あそんで います。7人 かえると,
のこって いるのは なん人ですか。

(しき)

こたえ (　　　　　　)

**5** きってを はって いない はがきが 13まい ありま
す。そのうち 8まいに きってを はりました。きって
を はって いない はがきは なんまい ありますか。

(しき)

こたえ (　　　　　　)

## 9 ひきざん ② ➡ ハイクラス

**1** ひきざんを しましょう。(36てん/1つ2てん)

(1) 15−6 　　　(2) 15−7 　　　(3) 14−8

(4) 12−9 　　　(5) 13−6 　　　(6) 17−9

(7) 14−4 　　　(8) 12−2 　　　(9) 16−6

(10) 13−3 　　　(11) 15−5 　　　(12) 11−1

(13) 14−2 　　　(14) 18−6 　　　(15) 15−4

(16) 13−2 　　　(17) 16−5 　　　(18) 17−4

**2** まん中の かずから まわりの かずを ひきましょう。

(24てん/くうらん1つ2てん)

(1) 　　　　　　　　　　　　(2)

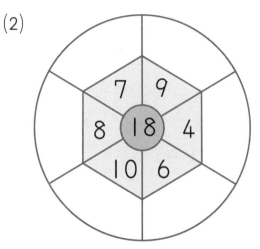

**3** □に あてはまる かずを かきましょう。(12てん／1つ2てん)

(1) □ーフ=7

(2) □ー8=4

(3) 16ー□=9

(4) 18ー□=9

(5) □ー9=6

(6) 13ー□=7

**4** 子どもが 14人で あそんで います。男の子は 4人 います。女の子は なん人 いますか。(8てん)

（しき）

こたえ (　　　　　　　　)

**5** 赤い はたが 18本, 白い はたが 7本 あります。どちらが なん本 すくないですか。(10てん)

（しき）

こたえ (　　　　　) はたが (　　) 本 すくない。

**6** みかんが 16こ あります。りんごは みかんより 5こ すくないです。りんごは なんこ ありますか。(10てん)

（しき）

こたえ (　　　　　　　　)

# 10 3つの　かずの　けいさん

**1** けいさんを　しましょう。

(1) $3+2+1$　　　　　　(2) $6+3+8$

(3) $4+4+5$　　　　　　(4) $7+2+4$

(5) $9-2-3$　　　　　　(6) $10-5-2$

(7) $16-7-8$　　　　　　(8) $13-7-4$

(9) $5+4-7$　　　　　　(10) $3+7-2$

(11) $9+7-8$　　　　　　(12) $8+5-6$

(13) $9-6+8$　　　　　　(14) $7-3+9$

(15) $12-8+5$　　　　　　(16) $13-6+4$

**2** □に あてはまる かずを かきましょう。

(1) $4 + 5 + \boxed{\phantom{0}} = 10$

(2) $14 - 7 - \boxed{\phantom{0}} = 2$

(3) $\boxed{\phantom{0}} + 4 + 3 = 15$

(4) $16 - 8 - \boxed{\phantom{0}} = 4$

(5) $6 + 8 - \boxed{\phantom{0}} = 9$

(6) $\boxed{\phantom{0}} + 7 - 5 = 6$

**3** 赤いろの はたが 7本, 白いろの はたが 3本, き いろの はたが 5本 あります。はたは ぜんぶで なん本 ありますか。

(しき)

こたえ (          )

**4** いちごが 14こ ありました。いもうとが 5こ, わた しが 7こ たべました。なんこ のこって いますか。

(しき)

こたえ (          )

**5** としょしつに 1年生が 4人, 2年生が 3人, 3年 生が 6人 います。みんなで なん人 いますか。

(しき)

こたえ (          )

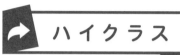
**1** けいさんを しましょう。 (36てん/1つ3てん)

(1) $8+4+3$

(2) $7+8+3$

(3) $18-7-4$

(4) $13-2-2$

(5) $8+10-6$

(6) $12+7-9$

(7) $13-1+7$

(8) $15-4+3$

(9) $8+11-7$

(10) $6+5+8$

(11) $3+5+4+2$

(12) $19-9-0-3$

**2** □に あてはまる ＋か ーを かきましょう。

(24てん/1つ3てん)

(1) $2 \square 6 \square 5=13$

(2) $14 \square 8 \square 5=11$

(3) $9 \square 8 \square 3=14$

(4) $18 \square 7 \square 6=5$

(5) $6 \square 7 \square 4=9$

(6) $15 \square 8 \square 4=3$

(7) $4 \square 9 \square 5=18$

(8) $16 \square 9 \square 8=15$

**3** バスに 15人 のって いました。ていりゅうじょで，
3人 おりて，4人 のりました。いま，バスに なん
人 のって いますか。(10てん)

(しき)

こたえ（　　　　　　　）

**4** おりがみが 14まい ありました。そのうち，おとう
とに 4まい あげました。のこりの 中から，つるを
おるのに 3まい つかいました。おりがみは なんま
い のこって いますか。(10てん)

(しき)

こたえ（　　　　　　　）

**5** こうえんで，男の子が 10人，女の子が 9人 あそ
んで いました。そのうち，9人 かえりました。いま，
なん人 あそんで いますか。(10てん)

(しき)

こたえ（　　　　　　　）

**6** みかんを わたしが 2こ たべ，あにが 5こ たべ
ました。のこった みかんは 8こ です。はじめに
あった みかんは なんこですか。(10てん)

(しき)

こたえ（　　　　　　　）

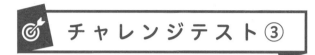

**1** かずのせんを 見て，こたえましょう。(15てん／1つ5てん)

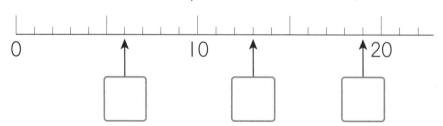

(1) 上の □に あてはまる かずを かきましょう。

(2) 20 より 4 小さい かずは □ です。

(3) 19 は 11 より □ 大きいです。

**2** けいさんを しましょう。(30てん／1つ2てん)

(1) 8＋7　　　(2) 9＋4　　　(3) 7＋7

(4) 10＋7　　(5) 12＋6　　(6) 3＋14

(7) 14－9　　(8) 17－8　　(9) 12－6

(10) 15－5　　(11) 14－2　　(12) 16－5

(13) 5＋3＋7　　　　　(14) 13－4－8

(15) 8＋4－9

3 あめを 8こ くばったら, 7こ あまりました。はじ
めに なんこ ありましたか。(7てん)
（しき）

こたえ (　　　　　　　)

4 赤と 青の いろがみが, ぜんぶで 17まい あります。
そのうち 青い いろがみは 8まいです。赤い いろ
がみは なんまいですか。(8てん)
（しき）

こたえ (　　　　　　　)

5 わたるさんの どんぐりは なんこですか。(8てん)

けんた　　ぼくは 7こだよ。
あい　　けんたさん より 4こ おおいよ。
わたる　　あいさん より 3こ おおいよ。

（しき）

こたえ (　　　　　　　)

6 □に あてはまる ＋か － を かきましょう。

(32てん/1つ4てん)

(1) 4 □ 6 □ 2＝12　　(2) 5 □ 2 □ 3＝4

(3) 4 □ 3 □ 6＝1　　(4) 2 □ 8 □ 7＝3

(5) 10 □ 8 □ 2＝16　　(6) 13 □ 2 □ 5＝10

(7) 15 □ 4 □ 8＝11　　(8) 17 □ 7 □ 4＝6

# チャレンジテスト④

**1** おはじきの ならべかたに あう しきを つくります。
□に あてはまる かずを かきましょう。(18てん／1つ6てん)

(1)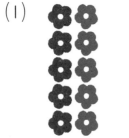

(2)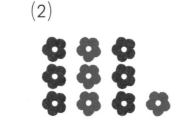

(3)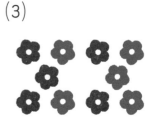

$5+\boxed{\phantom{0}}$

$3+3+\boxed{\phantom{0}}$

$4+\boxed{\phantom{0}}+4$

**2** たしざんの もんだいを つくりましょう。(10てん)

りんごが _____

_____

_____

**3** ひきざんの もんだいを つくりましょう。(10てん)

くろい じどうしゃが _____

_____

_____

4 □に あてはまる かずや， ＋， － を かきましょう。

(30てん / 1つ5てん)

(1) $9 + \boxed{\phantom{0}} = 11$

(2) $15 - \boxed{\phantom{0}} = 8$

(3) $9 - 8 + \boxed{\phantom{0}} = 4$

(4) $\boxed{\phantom{0}} + 7 + 1 = 14$

(5) $5 \boxed{\phantom{0}} 7 \boxed{\phantom{0}} 6 = 6$

(6) $13 \boxed{\phantom{0}} 7 \boxed{\phantom{0}} 5 = 11$

5 あおいさんは いちごを いもうとに 8こ あげたの
で，9こに なりました。はじめに なんこ もって
いましたか。(10てん)

（しき）

こたえ （　　　　　　　　）

6 はやとさんは カードを 13まい もって いました。
そのうち，7まいを おとうとに あげました。いま，
なんまい もって いますか。(10てん)

（しき）

こたえ （　　　　　　　　）

7 10人が なわとびを して いると，8人が きて，6
人が かえりました。なん人 のこりましたか。(12てん)

（しき）

こたえ （　　　　　　　　）

# 11 大きい かず

**1** かずは いくつですか。

(1)
(　　　）

(2)
(　　　）

(3)
(　　　）

(4)
(　　　）

(5)
(　　　）

(6)
(　　　）

**2** 大きい ほうの かずに ○を つけましょう。

(1)
| 68 | 67 |

(2)
| 85 | 75 |

(3)
| 40 | 37 |

(4)
| 73 | 37 |

(5)
| 98 | 100 |

(6)
| 109 | 112 |

**3** □に あてはまる かずを かきましょう。

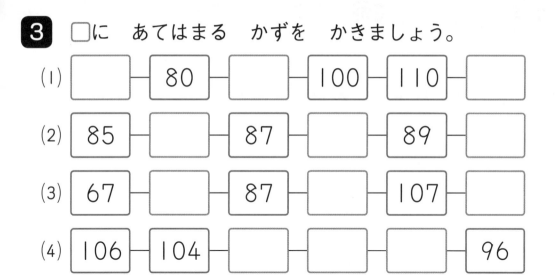

(1) [ ]—[80]—[ ]—[100]—[110]—[ ]

(2) [85]—[ ]—[87]—[ ]—[89]—[ ]

(3) [67]—[ ]—[87]—[ ]—[107]—[ ]

(4) [106]—[104]—[ ]—[ ]—[ ]—[96]

**4** □に あてはまる かずを かきましょう。

(1) 10が 6つと 1が 8つで, [　]

(2) 10が 9つと 1が 2つで, [　]

(3) 10が 10こで, [　]

**5** 下の かずから あう ものを ぜんぶ えらんで か
きましょう。

(63　84　100　49　95　70　115)

(1) 十のくらいが 4の かず　　　（　　　　　）

(2) 一のくらいが 5の かず　　　（　　　　　）

(3) 60より 大きく, 90より 小さい かず

（　　　　　）

**1** □に あてはまる かずを かきましょう。 (12てん / 1つ3てん)

(1) 67 は, □ が 6つと 1 が 7つ

(2) 96 は, 10 が □ つと 1 が □ つ

(3) 74 は, 10 が □ つと 1 が □ つ

(4) □ は, 10 が 10 ことと 1 が 1つ

**2** 2つの かずの ちがいを かきましょう。 (30てん / 1つ5てん)

(1) 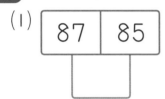　(2) 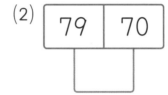　(3)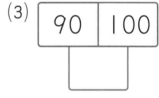

(4)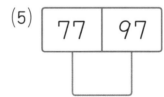

(5)

(6)

**3** □に あてはまる かずを かきましょう。 (20てん / 1つ5てん)

(1) 87 より 4 大きい かずは □

(2) 100 より 5 大きい かずは □

(3) 120 より 10 小さい かずは □

(4) 75 より 20 小さい かずは □

**4** □に あてはまる かずを かきましょう。(20てん/1つ5てん)

(1) 52 — 54 — □ — □ — 60 — □

(2) 105 — □ — 101 — □ — 97 — □

(3) 18 — 27 — 36 — □ — 54 — □

(4) □ — 55 — 66 — 77 — □ — 99

**5** 下の 5まいの カードの 中から, 2まいを つかって, かずを つくります。(18てん/1つ6てん)

2　3　6　7　9

(1) いちばん 大きい かずを
　　つくりましょう。

十のくらい 一のくらい
□ □

(2) いちばん 小さい かずを
　　つくりましょう。

十のくらい 一のくらい
□ □

(3) 70に いちばん ちかい かずを
　　つくりましょう。

十のくらい 一のくらい
□ □

# 12 たしざん ③

**1** たしざんを しましょう。

(1) $20+30$

(2) $10+20$

(3) $30+70$

(4) $70+20$

(5) $50+30$

(6) $40+60$

(7) $60+2$

(8) $5+40$

(9) $20+5$

(10) $30+6$

(11) $7+50$

(12) $60+3$

(13) $4+92$

(14) $2+53$

(15) $6+81$

(16) $6+42$

(17) $51+7$

(18) $7+31$

(19) $5+62$

(20) $7+92$

(21) $72+5$

(22) $24+2$

(23) $52+3$

(24) $83+4$

**2** 赤い 花が 30本 さいて います。白い 花が 10本 さいて います。花は あわせて なん本 さいて いますか。

(しき)

こたえ（ 　　　　　 ）

**3** 女の子は 8人 います。男の子は 20人 います。あわせて なん人 いますか。

(しき)

こたえ（ 　　　　　 ）

**4** きょうしつに，え本が 32さつ，ずかんが 7さつ あります。あわせて なんさつ ありますか。

(しき)

こたえ（ 　　　　　 ）

**5** みかんが 4こ ありました。きょう，52こ かって きました。みかんは ぜんぶで なんこに なりましたか。

(しき)

こたえ（ 　　　　　 ）

# 12 たしざん③ ➡ ハイクラス

**1** まりこさんたちは, かいものに いきました。

(1) おはなしを よんで どんな おかしを かったのか
こたえましょう。(20てん/1つ10てん)

クッキー
40円

ガ ム
10円

チョコ
30円

ジュース
60円

① まりこ 〔 おなじ おかしを 2つ かって 60円でした。〕 ( )

② みなみ 〔 ジュースと おかしを 1つずつ かって 100円でした。〕 ( )

(2) ゆみさんは ガムと チョコを 1つずつ かいます。
50円で たりますか。
その わけを しきを つかって かきましょう。(20てん)

( たりる ・ たりない )

└あてはまる ほうを
○で かこみましょう。

(わけ)

_____

_____

_____

**2** 男の子が　50人，女の子が　40人　います。あわせて
なん人　いますか。(15てん)

(しき)

こたえ (　　　　　　　)

**3** どんぐりを　ようたさんは　60こ，はるかさんは　40
こ　もって　います。2人　あわせて　なんこ　もって
いますか。(15てん)

(しき)

こたえ (　　　　　　　)

**4** 80円の　えんぴつと，えんぴつより　5円　たかい
けしゴムが　あります。けしゴムは　なん円ですか。(15てん)

(しき)

こたえ (　　　　　　　)

**5** あやかさんの　学校の　1年生は　62人です。2年生
は　1年生より　7人　おおいそうです。2年生は　な
ん人ですか。(15てん)

(しき)

こたえ (　　　　　　　)

# 13 ひきざん ③

**1** ひきざんを しましょう。

(1) $40-30$    (2) $90-60$    (3) $70-50$

(4) $90-80$    (5) $70-10$    (6) $60-20$

(7) $100-50$    (8) $100-60$    (9) $100-90$

(10) $52-2$    (11) $65-5$    (12) $95-5$

(13) $74-4$    (14) $62-2$    (15) $87-7$

(16) $23-2$    (17) $65-4$    (18) $48-3$

(19) $76-4$    (20) $39-3$    (21) $69-6$

(22) $86-5$    (23) $78-3$    (24) $69-4$

**2** 30人で　あそんで　いました。20人が　かえりました。
なん人　のこって　いますか。
(しき)

こたえ (　　　　　　　　)

**3** どんぐりを，じろうさんは　28こ，すすむさんは　8
こ　もって　います。2人の　もって　いる　どんぐり
の　かずの　ちがいは　なんこですか。
(しき)

こたえ (　　　　　　　　)

**4** いろがみが　48まい　あります。つるを　おるのに
6まい　つかいました。のこりは　なんまいですか。
(しき)

こたえ (　　　　　　　　)

**5** れいなさんは　どんぐりを　59こ　ひろいました。あや
かさんが　ひろった　かずは　れいなさんより　5こ　す
くないそうです。あやかさんは　なんこ　ひろいましたか。
(しき)

こたえ (　　　　　　　　)

# 13 ひきざん ③  ハイクラス

**1** ゆりさんたちは　かいものに　いきました。

(1) おはなしを　よんで　なにを　かったのか　こたえましょう。(20てん/1つ10てん)

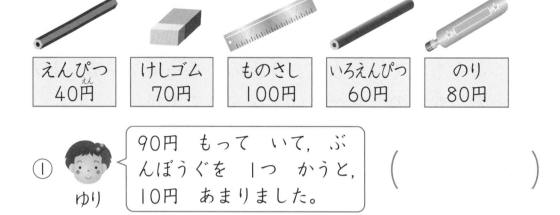

| えんぴつ 40円 | けしゴム 70円 | ものさし 100円 | いろえんぴつ 60円 | のり 80円 |
|---|---|---|---|---|

① ゆり ＜ 90円　もって　いて，ぶんぼうぐを　1つ　かうと，10円　あまりました。　（　　　　　）

② ななみ ＜ 100円　もって　いて，ぶんぼうぐを　1つ　かうと，30円　あまりました。　（　　　　　）

✐(2) ゆりさんと　ななみさんに　ならって，おはなしの　つづきを　かいて，なにを　かったのか　こたえましょう。

(20てん)

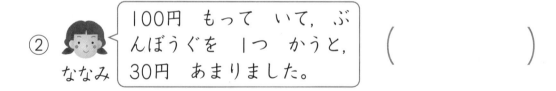

たくみ ＜ 50円　もって　いて，ぶんぼうぐを＿＿＿＿＿＿＿＿＿＿＿＿＿＿＿

かった　もの
（　　　　　）

2 はるきさんは　シールを　55まい　もって　います。
おとうとに　5まい　あげると，のこりは　なんまいで
すか。(15てん)
(しき)

こたえ (　　　　　　　)

3 みくさんの　学校の　1年生は　87人です。1年生は
きょう　3人が　休みました。きょう　学校に　きた
1年生は　なん人ですか。(15てん)
(しき)

こたえ (　　　　　　　)

4 学きゅうえんに　赤い　花が　60本，白い　花が　80
本　さいて　います。どちらが　なん本　おおく　さい
て　いますか。(15てん)
(しき)

こたえ (　　　　　)花が (　　)本　おおい。

5 カードを　70まい　あつめました。あと　なんまい
あつめると　100まいに　なりますか。(15てん)
(しき)

こたえ (　　　　　　　)

# 14 いろいろな もんだい ①

**1** 10人 ならんで います。あきらさんは まえから 6 ばん目です。あきらさんの うしろに なん人 いますか。□に かずを かいて かんがえましょう。

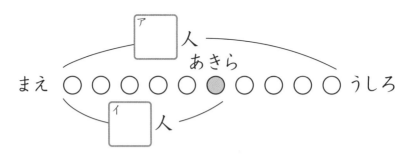

(しき)

こたえ (                    )

**2** えりさんの まえに 3人 います。えりさんの うしろに 4人 います。みんなで なん人 ならんで いますか。□に かずを かいて かんがえましょう。

えり
まえ ○○○● ○○○○ うしろ
　　ア　　人　　　　イ　　人

(しき)

こたえ (                    )

**3** 8人に ケーキを 1こずつ あげました。ケーキは まだ 2こ あります。ケーキは ぜんぶで なんこ ありましたか。□に かずを かいて, かんがえましょう。

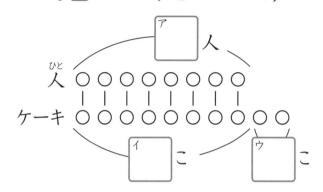

（しき）

こたえ （ 　　　　　 ）


**4** ジュースが 10本 あります。7人に 1本ずつ くばります。ジュースは なん本 のこりますか。□に かずを かいて, かんがえましょう。

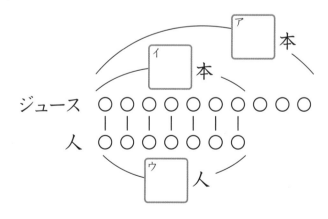

（しき）

こたえ （ 　　　　　 ）

# 14 いろいろな もんだい ①

→ ハイクラス

**1** 子どもが 15人 ならんで います。あゆみさんは, まえから 8ばん目です。あゆみさんの うしろには, なん人 いますか。(16てん)

(しき)

こたえ (　　　　　　　)

**2** ジェットコースターで, みおさんは, まえから 9ばん目に います。みおさんの うしろに 7人 のっています。みんなで なん人 のっていますか。(16てん)

(しき)

こたえ (　　　　　　　)

**3** 2れつに なって しゃしんを とります。1れつ目は 7人 ならんで います。2れつ目は 10人 ならびました。しゃしんは, なん人で とりますか。(16てん)

(しき)

こたえ (　　　　　　　)

**4** かずやさんの まえに 5人 います。かずやさんの うしろに 2人 います。みんなで なん人 ならんで いますか。(16てん)

（しき）

こたえ （　　　　　　　　）

**5** 30この ひとりがけの いすが ならんで います。あいて いる いすは 10こ あります。なん人 すわって いますか。(18てん)

（しき）

こたえ （　　　　　　　　）

**6** 20人が 1れつに ならんで います。まえから 8ばん目が さとしさん，14ばん目が りこさんです。 さとしさんと りこさんの あいだに，なん人 います か。(18てん)

（しき）

こたえ （　　　　　　　　）

# 15 いろいろな もんだい ②

**1** りんごが 8こ あります。みかんは りんごより 4こ おおいです。かきは みかんより 3こ おおいです。

(1) □に あてはまる かずを かきましょう。

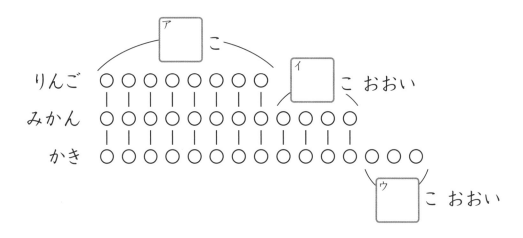

(2) みかんは なんこ ありますか。
(しき)

こたえ （　　　　　　　）

(3) かきは なんこ ありますか。
(しき)

こたえ （　　　　　　　）

**2** さとるさんは みかんを 18こ もって いました。
りおさんに 3こ, かいとさんに 5こ あげました。
さとるさんは いま, なんこ もって いますか。
つぎの 2とおりの しかたで もとめましょう。

(1) はじめの 18こから じゅんに ひく。
   (しき)

                                    こたえ (          )

(2) 2人に あげた みかんの かずを 先に けいさんし
   て, はじめの 18こから ひく。
   (しき)

                                    こたえ (          )

**3** 赤ぐみは 男の子が 3人, 女の子が 5人, 白ぐみは
男の子が 6人, 女の子が 3人 います。

(1) みんなで なん人 いますか。
   (しき)

                                    こたえ (          )

(2) 赤ぐみと 白ぐみでは どちらが なん人 おおいですか。
   (しき)

                    こたえ (          )が (          )おおい。

**1** 赤い 花が 7本, 白い 花が 3本 さいて います。青い 花は 赤い 花より 2本 すくないです。赤と 白と 青の 花を あわせると, なん本 さいて いますか。(15てん)

(しき)

こたえ (　　　　　)

**2** シールを, みゆさんは 12まい もって います。ともみさんは みゆさんより 3まい おおく もって います。さゆりさんは ともみさんより 7まい すくないです。さゆりさんは シールを なんまい もって いますか。(15てん)

(しき)

こたえ (　　　　　)

**3** としょしつに, ひとりがけの いすが 16きゃく あります。8人 すわって いました。4人 はいって きて いすに すわり, 6人 出て いきました。あと なん人 すわれますか。(15てん)

(しき)

こたえ (　　　　　)

**4** けいこさんは　あめを　40こ　もって　いました。あつしさんに　10こ，れいなさんに　20こ　あげました。

(40てん /1つ20てん)

(1) しきが　10+20に　なる　もんだいを　つくりましょう。

_____

_____

_____

(2) しきが　40−10−20に　なる　もんだいを　つくりましょう。

_____

_____

_____

**5** えんぴつは　50円です。けしゴムは　えんぴつより　10円　やすいです。えんぴつと　けしゴムを　かいます。100円　出すと　おつりは　なん円ですか。(15てん)

（しき）

こたえ （　　　　　　　　　　）

# 16 □の ある しき

**1** かずのせんを 見て，下の もんだいの □に あてはまる かずを かきましょう。

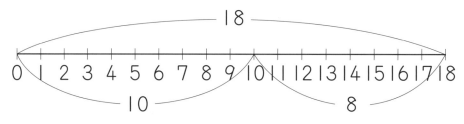

(1) $10 + \boxed{\phantom{0}} = 18$

(2) $8 + \boxed{\phantom{0}} = 18$

(3) $10 = \boxed{\phantom{0}} - 8$

(4) $8 = 18 - \boxed{\phantom{0}}$

(5) $18 - \boxed{\phantom{0}} = 10$

**2** 下の かずのせんから，□に あてはまる かずを 見つけましょう。

(1)
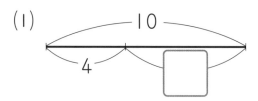

(2)
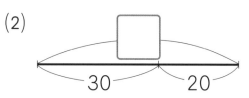

(3)
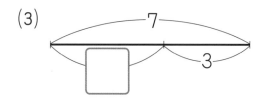

(4)
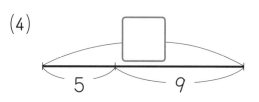

**3** □に あてはまる かずを かきましょう。

(1) $\boxed{\phantom{0}} + 4 = 13$

(2) $\boxed{\phantom{0}} + 8 = 11$

(3) $9 + \boxed{\phantom{0}} = 16$

(4) $7 + \boxed{\phantom{0}} = 12$

(5) $10 + \boxed{\phantom{0}} = 17$

(6) $11 + \boxed{\phantom{0}} = 19$

(7) $12 - \boxed{\phantom{0}} = 5$

(8) $16 - \boxed{\phantom{0}} = 7$

(9) $\boxed{\phantom{0}} - 5 = 6$

(10) $\boxed{\phantom{0}} - 9 = 8$

(11) $13 - \boxed{\phantom{0}} = 8$

(12) $11 - \boxed{\phantom{0}} = 3$

(13) $30 + \boxed{\phantom{0}} = 70$

(14) $20 + \boxed{\phantom{0}} = 60$

(15) $\boxed{\phantom{0}} + 10 = 50$

(16) $\boxed{\phantom{0}} + 20 = 80$

(17) $80 - \boxed{\phantom{0}} = 50$

(18) $90 - \boxed{\phantom{0}} = 70$

(19) $\boxed{\phantom{0}} - 60 = 10$

(20) $\boxed{\phantom{0}} - 40 = 40$

こたえ ▶ べっさつ21ページ

| じかん 20ぷん | とくてん |
|---|---|
| ごうかく 80てん | てん |

**1** 下の かずのせんから，□に あてはまる かずを 見つけましょう。(40てん／1つ 10てん)

(1)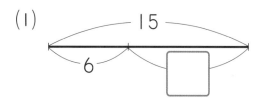

(2)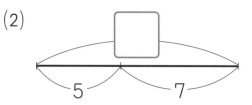

(3)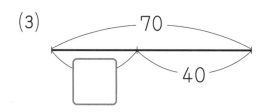

(4)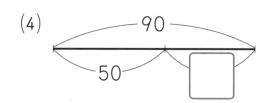

**2** おりがみを 13まい もって いました。ともだちに なんまいか あげると，のこりは 6まいに なりました。(20てん／1つ 10てん)

(1) ともだちに あげた まいすうを □まいと して，もんだいに あう しきを かくと どちらに なりますか。（ ）に ○を かきましょう。

（ ） □−6＝13　　（ ） 13−□＝6

(2) ともだちに なんまい あげましたか。

（ 　　　　 ）

**3** ある かずを □と して, おはなしに あう しきを つくって, ある かずを もとめましょう。 (20てん/1つ10てん)

(1)

> 20に ある かずを たすと 30に なります。

(しき)

ある かず （　　）

(2)

> 90から ある かずを ひくと 50に なります。

(しき)

ある かず （　　）

**4** 右の ずで たて, よこ, ななめに ならんだ 3つの かずを たした こたえは おなじです。⑦, ⑦に あてはまる かずは いくつですか。

(20てん/1つ10てん)

| 7 |   | ⑦ |
|---|---|---|
| 6 | ⑦ | 4 |
| 2 |   | 3 |

⑦ （　　） ⑦ （　　）

# チャレンジテスト⑤

**1** □に あてはまる かずを かきましょう。(20てん/1つ4てん)

(1) 十のくらいが 3, 一のくらいが 4の かずは □

(2) 100より 18 大きい かずは □

(3) 10が 6こと 1が 7こで, □

(4) 1が 5こと 10が 0こと 100が 1こで, □

(5) 90より 3 小さい かずは □

**2** けいさんを しましょう。(36てん/1つ3てん)

(1) 40+6　　(2) 9+70　　(3) 51+8

(4) 7+32　　(5) 40+50　　(6) 20+80

(7) 66-6　　(8) 53-3　　(9) 75-2

(10) 87-4　　(11) 60-20　　(12) 100-40

3 いちごが 12こ あります。3人
が 2こずつ たべると, なんこ
のこりますか。(11てん)

（しき）

こたえ （　　　　　）

4 1年生の 女の子は 36人です。男の子は 女の子よ
り 4人 すくないです。男の子は なん人ですか。(11てん)
（しき）

こたえ （　　　　　）

5 けんたさんの まえに 6人 います。けんたさんの う
しろに 6人 います。みんなで なん人 いますか。(11てん)
（しき）

こたえ （　　　　　）

6 ひろみさんは, あめを 9こ もって いました。とも
だちから 4こ もらい, おとうとに 5こ あげました。
じぶんも 6こ たべました。いま, なんこ もってい
ますか。(11てん)
（しき）

こたえ （　　　　　）

**チャレンジテスト⑥**

**1** □に あてはまる かずを かきましょう。(24てん/1つ8てん)

(1) 57は, 10が □ こと 1が □ こ

(2) 68 ─ □ ─ 72 ─ □ ─ 76 ─ □

(3) 120 ─ □ ─ 110 ─ □ ─ □ ─ 95

**2** □に あてはまる かずを かきましょう。(16てん/1つ8てん)

(1) 30 →40をたす→ □ →50をひく→ □ →6をたす→ □

(2) 80 →20をたす→ □ →90をひく→ □ →7をひく→ □

**3** □に あてはまる かずを かきましょう。(24てん/1つ8てん)

(1) 13+6−9−□=9

(2) 8+□−6+8=17

(3) □+5−9+8=12

4 くぎが 43本 あります。10本ずつ たばに してい くと, なんたば できて なん本 あまりますか。(9てん)

( ) できて ( ) あまる。

5 12人 ならんで います。さやかさんの まえに 8 人 います。さやかさんの うしろに なん人 います か。(9てん)
(しき)

こたえ ( )

6 子どもが 8人 います。1人に 1こずつ りんごを あげると, 5こ のこりました。りんごは はじめに なんこ ありましたか。(9てん)
(しき)

こたえ ( )

7 でん車が えきに つくと, 10人 おりて, 8人 の りました。いま, でん車に 15人 のって います。 はじめに なん人 のって いましたか。(9てん)
(しき)

こたえ ( )

# 17 ながさくらべ

標準クラス

**1** ながい　ほうに　○を　つけましょう。

(1)

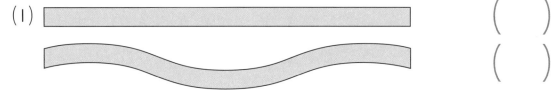

(　　)

(　　)

(2)

(　　)

(　　)

**2** ながい　じゅんに　ばんごうを　かきましょう。

(1)

(　　)

(　　)

(　　)

(2)

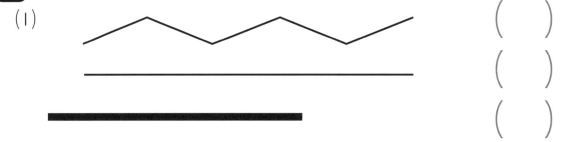

(　　)

(　　)

(　　)

**3** おなじ ながさを さがし, □の 中<sub>なか</sub>に きごうを かきましょう。

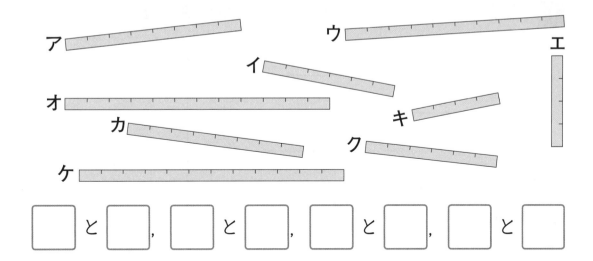

□ と □ , □ と □ , □ と □ , □ と □

**4** なんこぶんの ながさですか。

(1) ▭▭▭▭▭▭▭     ▭ が （　　）こぶん

(2) ├─────────┤     ─ が （　　）こぶん

(3) ○○○○○○○○○○○○○○○○○     ○ が （　　）こぶん

(4) ├─────────┤     ─ が （　　）こぶん

**5** みじかい じゅんに きごうを かきましょう。

ア ■▭■▭■
イ ■▭■
ウ ■▭■▭■▭■▭
エ ■▭■▭
オ ■▭■▭■
カ ■▭■▭■▭

（　　）→（　　）→（　　）→（　　）→（　　）→（　　）

# 17 ながさくらべ → ハイクラス

**1** ながい　じゅんに　きごうを　かきましょう。(20てん)

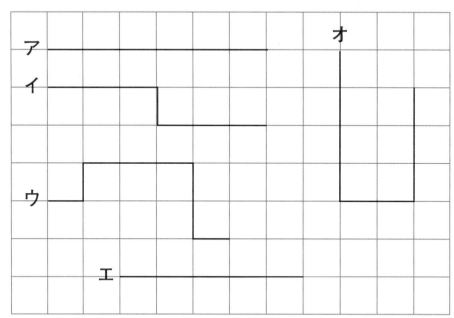

( 　 )→( 　 )→( 　 )→( 　 )→( 　 )

**2** つくえの　よこの　ながさを　しらべました。(20てん)

あさみ「けしゴム　10こぶんです。」

ゆうき「えんぴつ　4本ぶんです。」

おなじ　つくえを　しらべたのに，かずが　ちがって
いる　りゆうを　かきましょう。

_____

_____

**3** ちがいは なんこですか。(20てん/1つ5てん)

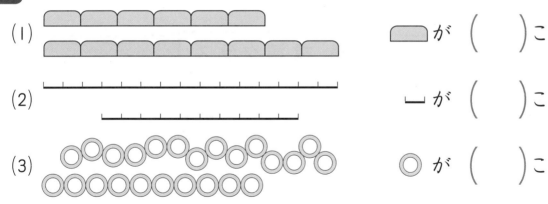

(1) ▭ が （　　）こ

(2) ▭ が （　　）こ

(3) ○ が （　　）こ

(4) ▭ が （　　）こ

**4** ジュースの　かん　2こぶんの　たかさの　はこと, ジュースの　かん　3こぶんの　たかさの　はこが　あります。2つの　はこを　つみかさねると, ジュースの　かん　なんこぶんの　たかさに　なりますか。(20てん)

（しき）

こたえ（　　　　　　　）

**5** はこの　たてと　よこの　ながさを, カードを　ならべて　はかりました。たては　10まいぶん, よこは　7まいぶんでした。どちらが　なんまいぶん　ながいですか。(20てん)

（しき）

こたえ（　　　　　）が（　　　　）まいぶん　ながい。

# 18 かさくらべ

**1** どちらが おおく 入って いますか。

ア　　　イ

（　　）

**2** どちらの いれものに 入って いた 水の ほうが
おおいですか。

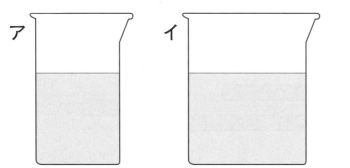

ア　　　　　　　　　　　イ

（　　）

**3** 水が おおく 入る じゅんに，ばんごうを かきま
しょう。

で
5はい
ぶん

で
7はい
ぶん

で
8はい
ぶん

（　　）　　　（　　）　　　（　　）

**4** アの　入れものから，イの　入れものに　水を　入れる
と　あふれました。どちらの　入れものに　水が　おお
く　はいりますか。

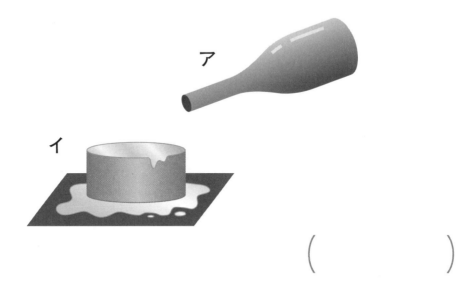

（　　　　　　　）

**5** どの　入れものに　はいって　いる　水が　いちばん
おおいですか。

(1)　　　　　　　　　　　　　(2)

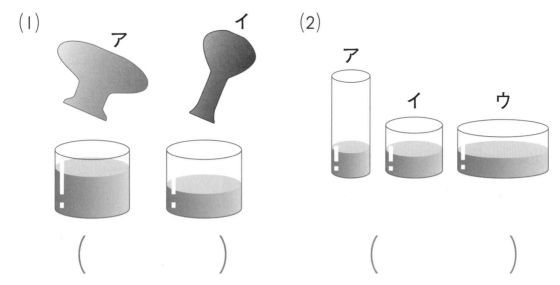

（　　　　　　）　　　　　　（　　　　　　）

# 18 かさくらべ　→ ハイクラス

**1** コップに　なんばい　はいるか　しらべて　みました。
おおく　はいる　じゅんに　ばんごうを　かきましょう。

(20 てん)

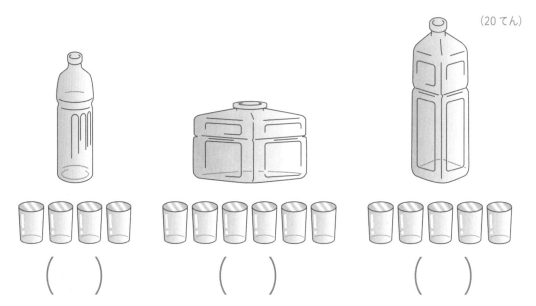

(　)　　　　(　)　　　　(　)

**2** コップに　なんばい　はいるか　しらべて　みました。
おおく　はいる　じゅんに　ばんごうを　かきましょう。

(20 てん)

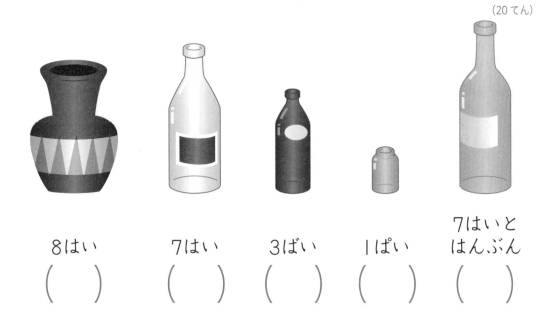

8はい　　　7はい　　　3ばい　　　1ぱい　　　7はいと
　　　　　　　　　　　　　　　　　　　　　はんぶん
(　)　　(　)　　(　)　　(　)　　(　)

**3** いろいろな 入れものが あります。コップに なんばい はいるか しらべて みました。(60てん/1つ10てん)

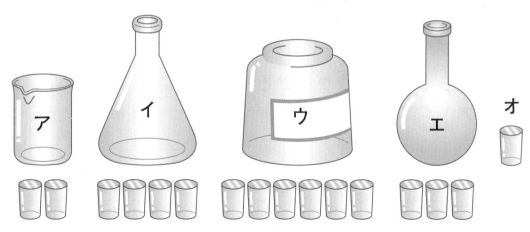

(1) アの 2つぶんは, どの 入れものと おなじ かさに なりますか。　　　　　　　　　　（　　　　　　　　）

(2) エの 2つぶんは, どの 入れものと おなじ かさに なりますか。　　　　　　　　　　（　　　　　　　　）

(3) ウの はんぶんは, どの 入れものと おなじ かさに なりますか。　　　　　　　　　　（　　　　　　　　）

(4) イの はんぶんは, どの 入れものと おなじ かさに なりますか。　　　　　　　　　　（　　　　　　　　）

(5) アと イを あわせると, どの 入れものと おなじ かさに なりますか。　　　　　　　　（　　　　　　　　）

(6) アと オを あわせると, どの 入れものと おなじ かさに なりますか。　　　　　　　　（　　　　　　　　）

# 19 ひろさくらべ

**標準クラス**

**1** どちらの　ほうが　ひろいですか。

(1) ア 　　イ 　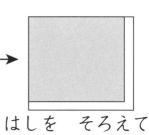

はしを　そろえて
かさねると

（　　　　　　　）

(2) ア

イ

（　　　　　　　）

**2** くろと　白では　どちらの　ほうが　ひろいですか。

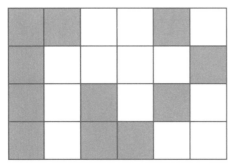

（　　　　　　　）

**3** ひろい　ほうから　3ばん目の　かたちの　ばんごうに，
○を　つけましょう。

(1)
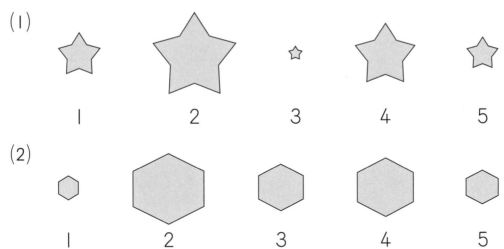

(2)

| 1 | 2 | 3 | 4 | 5 |

**4** ひろい　じゅんに　ばんごうを　かきましょう。

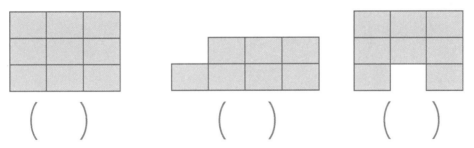

（　　）　　　　　（　　）　　　　　（　　）

**5** いろを　つけた　ところの　ひろい　じゅんに，ばんごうを　かきましょう。

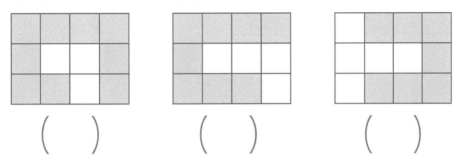

（　　）　　　　　（　　）　　　　　（　　）

# 19 ひろさくらべ ➡ ハイクラス

**1**  の　なんまいぶんの　ひろさですか。(30てん／1つ10てん)

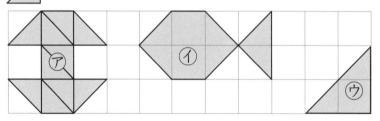

㋐ ( ) まいぶん　㋑ ( ) まいぶん　㋒ ( ) まいぶん

**2** どちらの　ほうが　どれだけ　ひろいですか。

(1) (40てん／1つ10てん)

( ) の　ほうが　▢ ( ) こぶん　ひろい。

(2)

( ) の　ほうが　◿ ( ) こぶん　ひろい。

(3)

( ) の　ほうが　▢ ( ) こぶん　ひろい。

(4)

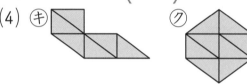

( ) の　ほうが　◺ ( ) こぶん　ひろい。

**3** 2人で じんとりゲームを しました。どちらの じんち が ひろいですか。その わ けも かんがえましょう。(15てん)

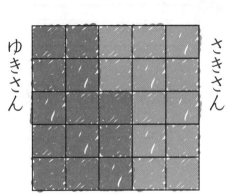

ゆきさん　さきさん

(　　　　　　) の じんちの ほうが ひろい。

なぜかと いうと,

_____

_____

_____

_____

_____

**4** 2人で じんとりゲームを しました。どちらの じん ちが ひろいですか。(15てん/1つ5てん)

(1) ひろし あつし　(2) まみ　　あや　(3) みゆ　　めい

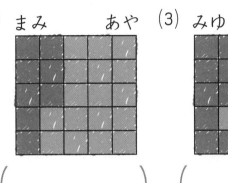
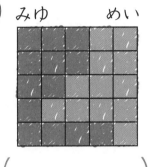

(　　　　　　)　(　　　　　　)　(　　　　　　)

# チャレンジテスト ⑦

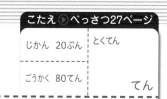

1 まっすぐに した とき, ながく なる じゅんに ばんごうを かきましょう。(15てん)

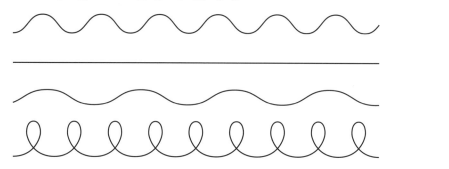

( )
( )
( )
( )

✏ 2 ちゃわんと ゆのみに 水を いっぱい 入れて, おなじ コップに うつしかえると, ア, イのように なりました。

(1) ちゃわんと コップでは どちらが おおく はいりますか。その りゆうも かきましょう。
( ) が おおく はいる。(5てん)
(りゆう)

ちゃわん　ゆのみ

ア　イ

_____

_____ (15てん)

(2) ちゃわんと ゆのみでは どちらが おおく はいりますか。その りゆうも かきましょう。
( ) が おおく はいる。(5てん)
(りゆう)

_____

_____ (15てん)

③ 4人で　じんとりゲームを　しました。ひろい　じゅんに　ばんごうを　□に　かきましょう。(15てん)

| かおる | | |
| --- | --- | --- |
| ゆうこ | | |
| まゆみ | | |
| かのん | | |

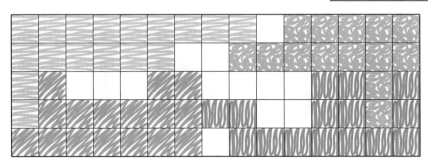

④ かさが　大きいのは　どちらですか。

(30てん/1つ15てん)

(1)　ア　　　　　　　イ

（　　）

(2)　ア　　　　　　　イ

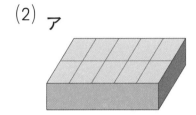

（　）が  （　）こぶん　大きい。

**チャレンジテスト⑧**

1 2本の 木を はりがねで まきます。はりがねを ながく つかって いる じゅんに，ばんごうを かきましょう。(15てん)

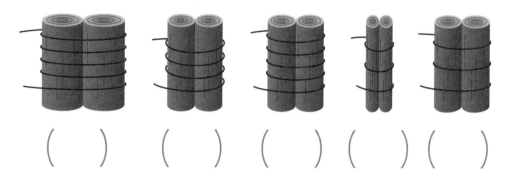

( )  ( )  ( )  ( )  ( )

2 ずを 見て □に あてはまる かずを かきましょう。(50てん/□1つ10てん)

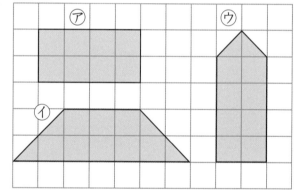

(1) ひろさを あらわしましょう。

㋐ ▢の □つぶん

㋑ ▢の 8つぶんと ◣の □つぶん

㋒ ▢の □つぶんと ◣の 2つぶん

(2) ひろさを くらべましょう。

㋑は ㋐より ◣の □つぶん ひろいです。

㋑は ㋒より ◣の □つぶん ひろいです。

3 せの たかい じゅんに ばんごうを かきましょう。

(15 てん)

( )　( )　( )　( )　( )

4 水（みず）が コップ なんばいぶん はいるかを しらべました。

(20 てん /1 つ 10 てん)

せんめんき　　　　　バケツ

7はいぶん　　　10ぱいぶん

(1) せんめんきと バケツでは どちらが どれだけ おおく 水が はいりますか。

( )

(2) せんめんきと バケツを いっぱいに するのに, 水は コップ なんばいぶん いりますか。

( )

# 20 いろいろな かたち

**1** ぴったり かさなる かたちを，せんで むすびましょう。

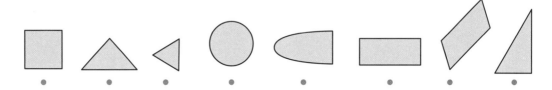

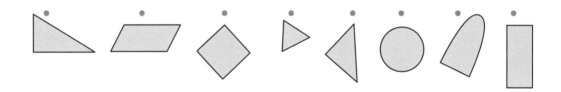

**2** かたちの なまえを 下の ＿＿から えらんで かきましょう。

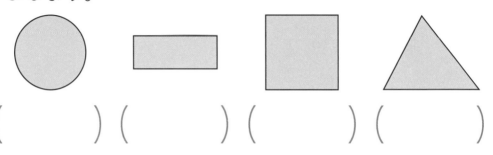

( )( )( )( )

さんかく　ながしかく　ましかく　まる

**3** いろいろな　かたちを　見て，もんだいに　こたえま
しょう。

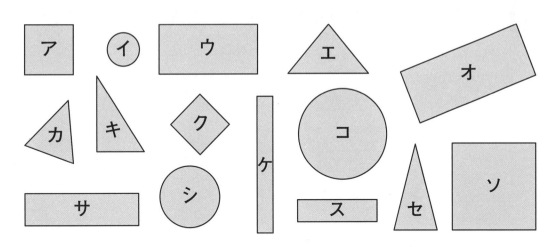

(1) まるは　どれですか。きごうで　かきましょう。

（　　　　　　　　）

(2) さんかくは　どれですか。きごうで　かきましょう。

（　　　　　　　　）

(3) ましかくは　どれですか。きごうで　かきましょう。

（　　　　　　　　）

(4) ながしかくは　どれですか。きごうで　かきましょう。

（　　　　　　　　）

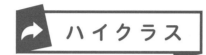
**1** いろいろな しかくを 見て, もんだいに きごうで こたえましょう。(10てん/1つ5てん)

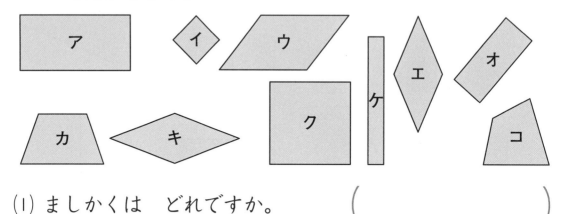

(1) ましかくは どれですか。　　　（　　　　　　）

(2) ながしかくは どれですか。　　（　　　　　　）

**2** つぎの さんかくは どんな せんで かこまれて いますか。・と ★を つなぎましょう。(18てん/1つ6てん)

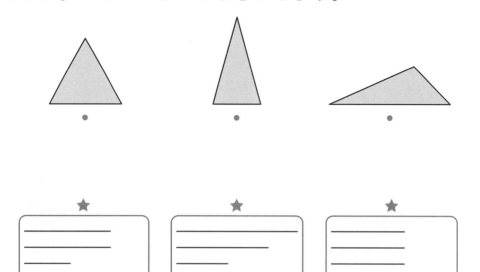

**3** ●と ●を せんで つないで，それぞれ ちがう か
たちの さんかくを ８つ かきましょう。(32てん/1つ4てん)

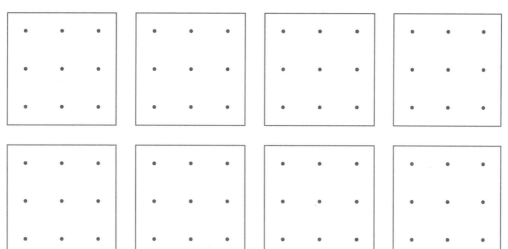

**4** ●と ●を せんで つないで，つぎの しかくを か
きましょう。(40てん/1つ5てん)

(1) ちがう 大きさの ましかく（３つ）　　(2) ながしかく

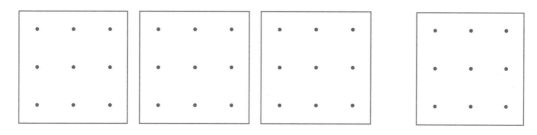

(3) ちがう かたちの ましかくでも ながしかくでもない
しかく（４つ）

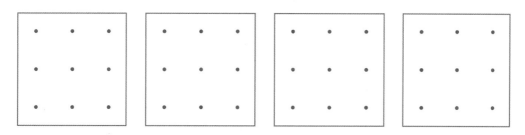

# 21 かたちづくり

標準クラス

**1** ⑦の いろいたを つかって，かたちを つくりました。
⑦の いろいたを なんまい つかいましたか。

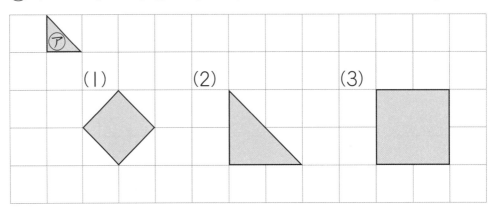

(1)　　　　　(2)　　　　　(3)

（　　　　）（　　　　）（　　　　）

**2** 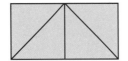 の いろいたを 4まい つかって かたちを
つくりました。どのように ならべたか わかるように
せんを ひきましょう。

(れい)　　　　　(1)　　　　　　　　　(2)

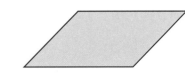

**3** いろいたを 1まい うごかして, かたちを かえました。どのように うごかしましたか。あうように ・と ★を むすびましょう。

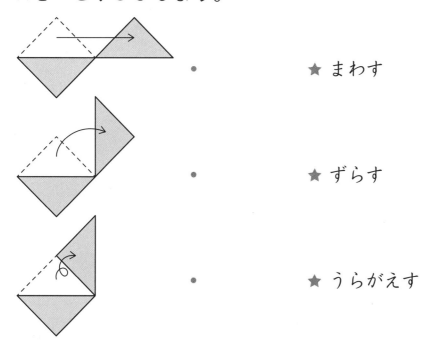

・

★ まわす

・

★ ずらす

・

★ うらがえす

**4** ぼうを 1本 うごかして, かたちを かえました。うごかす まえの ぼうと, うごかした あとの ぼうに ○を かきましょう。

(1)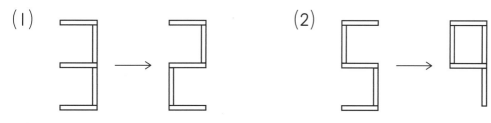

(2)

(3)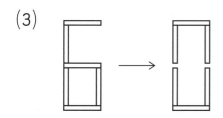

# 21 かたちづくり ➡ ハイクラス

**1** ⑦の いろいたを なんまいか つかって, かたちを つくりました。それぞれ いろいたを なんまい つかいましたか。(32てん /1つ8てん)

（　　　） （　　　） （　　　） （　　　）

**2** ずを 見て, きごうで こたえましょう。(20てん /1つ10てん)

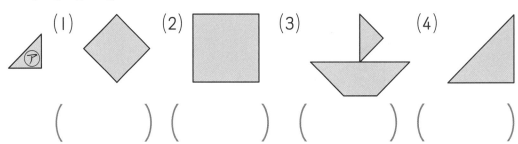

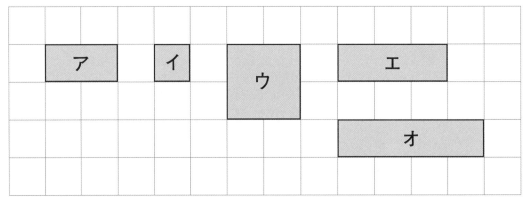

(1) アを 2まい つかって できる ましかくは どれですか。

（　　　）

(2) アを 2まい つかって できる ながしかくは どれですか。

（　　　）

**3** ぼうを　つかって，かたちを　つくりました。

(1) 右の　かたちは，ぼうを　なん本
つかって　いますか。(8てん)

(　　　　　　　)

(2) 右上の　かたちに　おなじ　ながさの　ぼうを　１本
たすと，さんかくが　３つ，ましかくが　２つに　なり
ました。ぼうを　どこに　たしましたか。右上の　かた
ちに　ぼうを　かき入れましょう。(10てん)

**4** いろいたを　うごかして，下のように，かたちを　かえ
ました。うごかした　いろいたは　どれですか。左の
ずに　○を　つけましょう。

(30てん／１つ10てん)

(1)

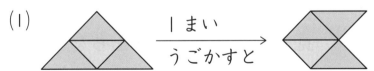

(2)

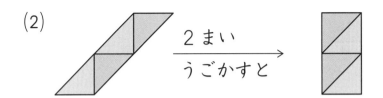

(3)

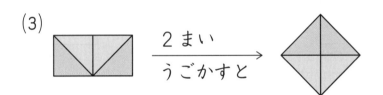

こたえ ▶ べっさつ31ページ

# 22 つみ木と かたち

標準クラス

**1** おなじ かたちの なかまを，せんで むすびましょう。

 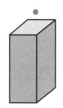 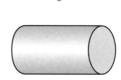 

**2** つみ木を 上から 見ます。見える かたちを，せんで むすびましょう。

 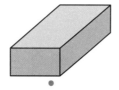  

**3** つみ木の　かたちを　うつして，えを　かきました。
どの　つみ木を　つかいましたか。つかった　つみ木の
きごうを　かきましょう。

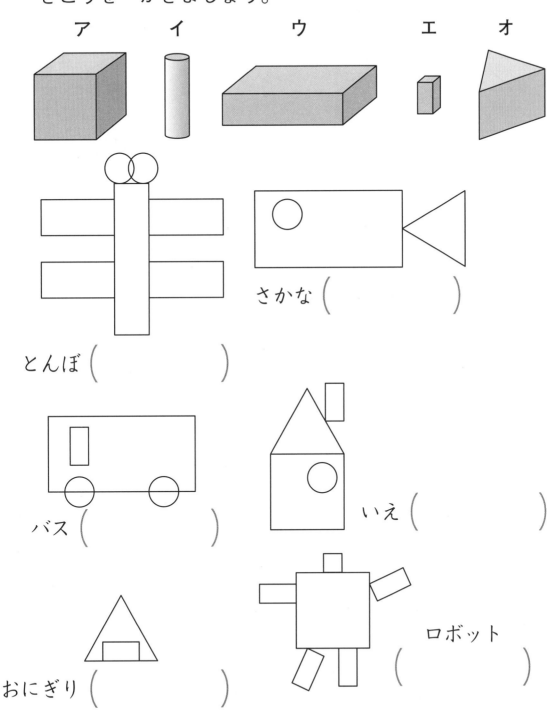

ア　イ　ウ　エ　オ

とんぼ（　　　　）

さかな（　　　　）

バス（　　　　）

いえ（　　　　）

おにぎり（　　　　）

ロボット（　　　　）

## 22 つみ木と かたち　ハイクラス

**1** つぎの かたちを, かみに うつしとりました。

(12てん /1つ6てん)

ア 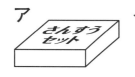　イ 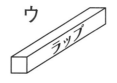　ウ 　エ 　オ

(1) ましかくだけで できて いる かたちは, どれですか。（　　　）

(2) まるが うつしとれる かたちは, どれですか。（　　　）

**2** ティッシュペーパーの はこを かみの 上に おいて, すべての かたちを うつしとりました。㋐, ㋑, ㋒は, そのうちの 3まいです。(20てん /1つ5てん)

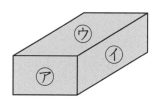

(1) ぜんぶで なんまい かきましたか。（　　　）

(2) ㋐と おなじ かたちは ぜんぶで なんまい ありますか。（　　　）

(3) ㋑と おなじ かたちは ぜんぶで なんまい ありますか。（　　　）

(4) ㋒と おなじ かたちは ぜんぶで なんまい ありますか。（　　　）

**3** どんな かたちが いくつ ありますか。(20てん/( )1つ5てん)

(1)

つつの かたち （ 　　 ）

はこの かたち （ 　　 ）

(2)

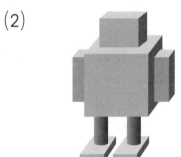

つつの かたち （ 　　 ）

はこの かたち （ 　　 ）

**4** つぎの かたちを つくるには, 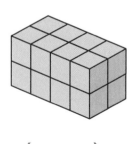 の つみ<ruby>木<rt>き</rt></ruby>が な
んこ いりますか。(48てん/1つ8てん)

(1)

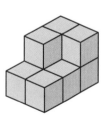

（ 　　 ）

(2)

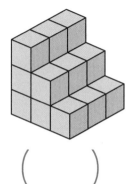

（ 　　 ）

(3)

（ 　　 ）

(4)

（ 　　 ）

(5)

（ 　　 ）

(6)

（ 　　 ）

チャレンジテスト⑨

**1** おなじ かたちを かきましょう。(12てん/1つ6てん)

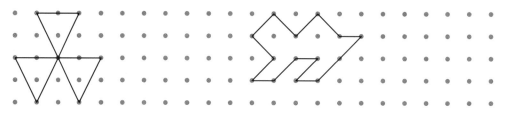

**2** ぼうを つかって かたちを つくりました。あうよう
に • と ★を むすびましょう。(28てん/1つ7てん)

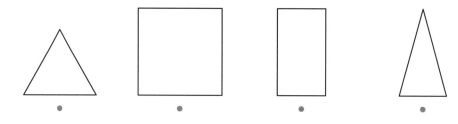

**3** さんかくと しかくの かたちの ちがう ところを
見つけて せつめいしましょう。(12てん)

_____

_____

_____

4 △⑦の いろいた なんまいで できて いますか。

(18てん／1つ6てん)

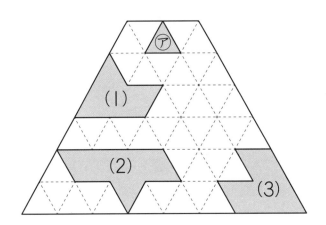

(1) (　　　　　)

(2) (　　　　　)

(3) (　　　　　)

5 えを 見て, きごうで こたえましょう。(30てん／1つ10てん)

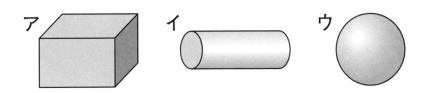

(1) どこを さわっても まるい かたちは どれですか。

(　　　　　)

(2) かどが たくさん あって, どこを さわっても たいらな かたちは どれですか。

(　　　　　)

(3) 上から 見ると ながしかくに 見える かたちは どれですか。ぜんぶ こたえましょう。

(　　　　　)

こたえ ▶ べっさつ33ページ

| じかん 25ふん | とくてん |
|---|---|
| ごうかく 80てん | てん |

# チャレンジテスト⑩

**1** おなじ かたちの つみ木を ならべました。つみ木の かずを かぞえましょう。(18てん/1つ6てん)

(1)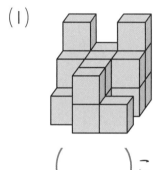

( )こ

(2)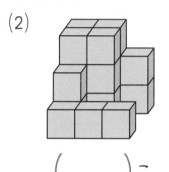

( )こ

(3)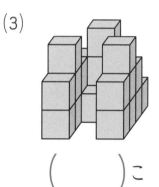

( )こ

**2** (1)から (3)の かたちは, ⑦から つみ木を なんこ とったら できますか。とる つみ木の かずを, ( ) の 中に かきましょう。(18てん/1つ6てん)

⑦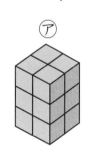

(1)

( )こ

(2)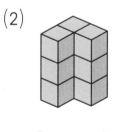

( )こ

(3)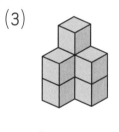

( )こ

**3** おなじ かたちの いろいたを 6まい つかって か たちを つくりました。どのように ならべたか わかるように せんを かき入れましょう。(6てん)

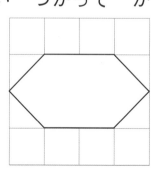

**4** つみ木を　まえと　上<sup>うえ</sup>から　見<sup>み</sup>ました。あう　ものを，
せんで　むすびましょう。(28てん /1つ7てん)

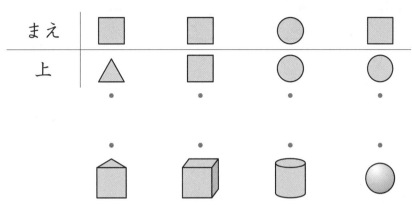

**5** おりがみを　はんぶんに　おって，ふとい　せんの　と
ころを　きります。なんと　いう　かたちが　なんまい
できますか。(30てん /1つ10てん)

(1)
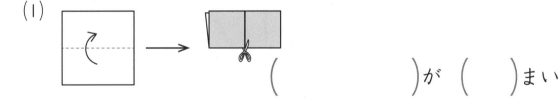
(　　　　　　　　)が（　　）まい

(2)
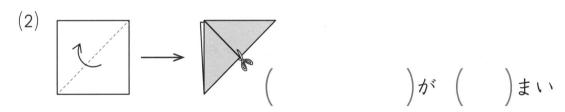
(　　　　　　　　)が（　　）まい

(3)
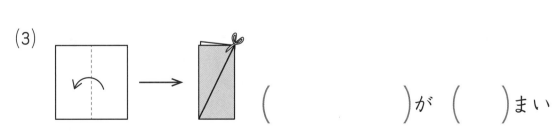
(　　　　　　　　)が（　　）まい

# 23 とけい

**1** なんじなんぷんですか。

(1)

(2)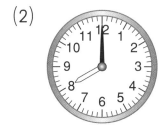

(3)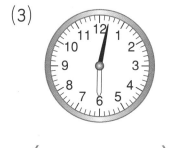

(4)

(5)

(6)

( )　( )　( )

**2** とけいの　はりが　すすむ　じゅんに　きごうを　かきましょう。

ア

イ

ウ

( 　→　　→　 )

**3** とけいの はりの すすみかたを しらべます。

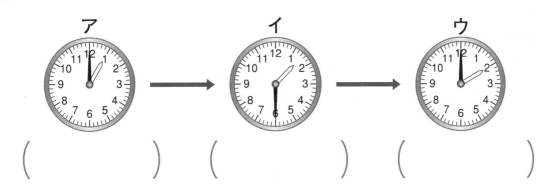

ア ( ) イ ( ) ウ ( )

(1) ア, イ, ウの とけいは なんじなんぷんですか。
（ ）にかきましょう。

(2) アから ながい はりを ( )めもり すすめると
イに なります。

イから ながい はりを ( )めもり すすめると
ウに なります。

(3) アから ながい はりを 1まわり すすめた とけい
は ( イ ・ ウ )です。
└ あてはまる ほうを
○で かこみましょう。

(4) ウから ながい はりを 1まわり すすめた とけい
の はりを かきましょう。

# 23 とけい → ハイクラス

**1** とけいの はりを かきましょう。(45てん / 1つ5てん)

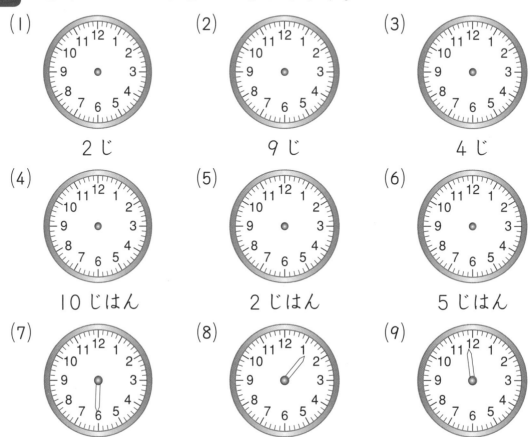

(1) 2じ

(2) 9じ

(3) 4じ

(4) 10じはん

(5) 2じはん

(6) 5じはん

(7) 6じ5ふん

(8) 1じ20ぷん

(9) 11じ45ふん

**2** とけいの はりが すすむ じゅんに きごうを かきましょう。(15てん)

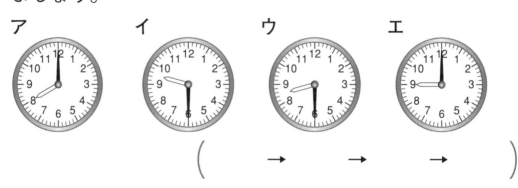

ア   イ   ウ   エ

( 　　→ 　　→ 　　→ 　　)

**3** こうえんの　とけいが　木に　かくれて　ながい　はり
が　見えません。(20てん)

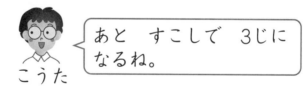

こうた

あと　すこしで　3じに　なるね。

こうたさんが　このように　かんが
えたりゆうを　かきましょう。

_____

_____

_____

**4** なみえさんは，ながい　はりが　１まわりする　あいだ
べんきょう　しました。(20てん/1つ10てん)

(1) べんきょうが　おわった　ときの　とけいの　はりを
かきましょう。

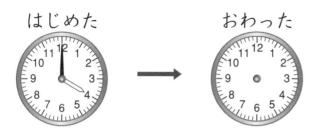

はじめた　　　　　　　おわった

(2) べんきょうが　おわったのは　なんじですか。

(　　　　　　　)

# 24 せいりの しかた

**1** おなじ かずだけ, ランドセルに いろを ぬりましょ
う。

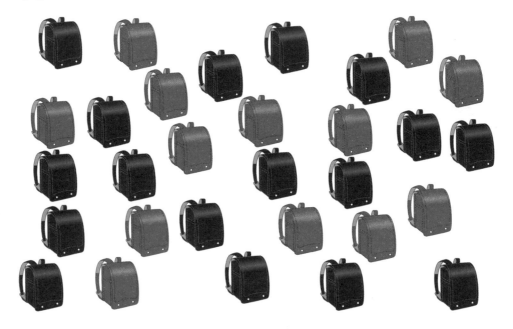

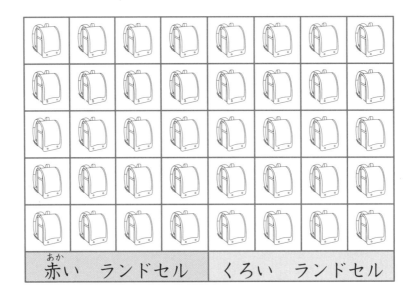

| | | | | | | | |
|---|---|---|---|---|---|---|---|
| | | | | | | | |
| | | | | | | | |
| | | | | | | | |
| | | | | | | | |
| 赤い ランドセル | | | | くろい ランドセル | | | |

**2** おなじ　かずだけ，かたちに　いろを　ぬりましょう。

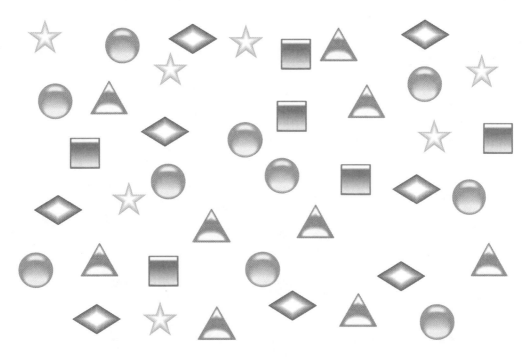

| ☆ | ○ | □ | ◇ | △ |
|---|---|---|---|---|
| ☆ | ○ | □ | ◇ | △ |
| ☆ | ○ | □ | ◇ | △ |
| ☆ | ○ | □ | ◇ | △ |
| ☆ | ○ | □ | ◇ | △ |
| ☆ | ○ | □ | ◇ | △ |
| ☆ | ○ | □ | ◇ | △ |
| ☆ | ○ | □ | ◇ | △ |
| ☆ | ○ | □ | ◇ | △ |
| ☆ | ○ | □ | ◇ | △ |
| ☆ | ○ | □ | ◇ | △ |

ハイクラス

こたえ ▶ べっさつ35ページ

| じかん 20ぷん | とくてん |
|---|---|
| ごうかく 80てん | てん |

**1** あきこさんの　くみで，いちばん　すきな　くだものは
なにかを　しらべました。

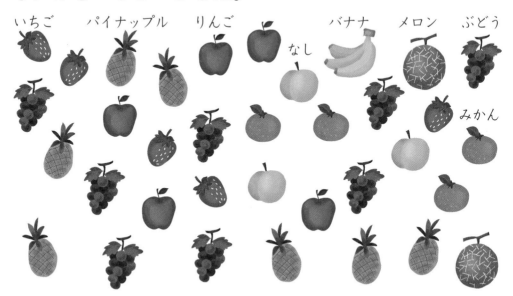

いちご　　パイナップル　　りんご　　　　　　バナナ　メロン　ぶどう
なし　　　　　　　　　　　　　　　　　　　　　みかん

(1) おなじ　かずだけ，○に　いろを　ぬりましょう。

(40 てん / 1 つ 5 てん)

| いちご | バナナ | りんご | なし | パイナップル | ぶどう | メロン | みかん |
|---|---|---|---|---|---|---|---|
| ○ | ○ | ○ | ○ | ○ | ○ | ○ | ○ |
| ○ | ○ | ○ | ○ | ○ | ○ | ○ | ○ |
| ○ | ○ | ○ | ○ | ○ | ○ | ○ | ○ |
| ○ | ○ | ○ | ○ | ○ | ○ | ○ | ○ |
| ○ | ○ | ○ | ○ | ○ | ○ | ○ | ○ |
| ○ | ○ | ○ | ○ | ○ | ○ | ○ | ○ |
| ○ | ○ | ○ | ○ | ○ | ○ | ○ | ○ |
| ○ | ○ | ○ | ○ | ○ | ○ | ○ | ○ |
| ○ | ○ | ○ | ○ | ○ | ○ | ○ | ○ |

(2) それぞれの　くだものを　えらんだ　人は，なん人　い
ますか。○の　かずを　かぞえて　すう字で　かきま
しょう。(40てん/1つ5てん)

| いちご | バナナ | りんご | なし | パイナップル | ぶどう | メロン | みかん |
|---|---|---|---|---|---|---|---|
| | | | | | | | |

(3) いちばん　すきな　人が　おおい　くだものは　なんで
すか。(5てん)

( 　　　　　 )

(4) 2ばん目に　すきな　人が　おおい　くだものは　なん
ですか。(5てん)

( 　　　　　 )

(5) いちばん　すきな　人の　かずが，いちごと　おなじ
かずの　くだものは　なんですか。(5てん)

( 　　　　　 )

(6) ほかにも　わかった　ことを　かきましょう。(5てん)

_____

_____

_____

_____

# チャレンジテスト ⑪

**1** なんじなんぷんですか。(30てん /1つ5てん)

(1)

(2)
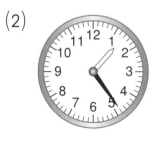

(3)

(　　　　　)　(　　　　　)　(　　　　　)

(4)

(5)
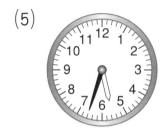

(6)
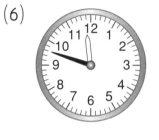

(　　　　　)　(　　　　　)　(　　　　　)

**2** しゅんさんの くらしに あう とけいを,せんで むすびましょう。(20てん /1つ5てん)

おきる　　きゅうしょく　　おやつ　　ねる

3 パンの かずを しらべました。

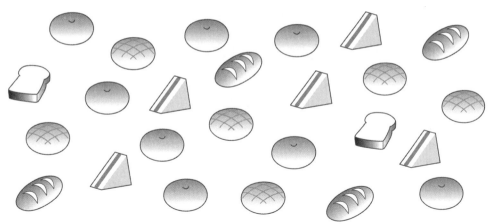

(1) おなじ かずだけ いろを
ぬりましょう。(15てん)

(2) いちばん かずが すくない
パンは なんですか。(10てん)

( )

(3) あんパンと メロンパンの
かずの ちがいは なんこ
ですか。(10てん)

( )

| あんパン | サンドイッチ | メロンパン | コッペパン | しょくパン |
|---|---|---|---|---|
| | | | | |

(4) ずを 見て もんだいを
つくりましょう。その こたえも かきましょう。(15てん)
(もんだい)

_____

_____

(こたえ)

_____

# チャレンジテスト ⑫

1 ずを 見て こたえましょう。

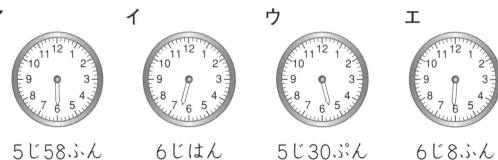

| ア | イ | ウ | エ |
|---|---|---|---|
| 5じ58ふん | 6じはん | 5じ30ぷん | 6じ8ふん |

(1) ながい はりを かきましょう。(20てん/1つ5てん)

(2) 5じと 6じの まん中の とけいは どれですか。(5てん)

(　　　　　)

(3) あと すこしで 6じに なる とけいは どれですか。(5てん)

(　　　　　)

(4) 6じを すこし すぎた とけいは どれですか。(5てん)

(　　　　　)

2 左の とけいから ながい はりが 1まわり すすんだ とけいの はりを かきましょう。また それは なんじなんぷんですか。(15てん)

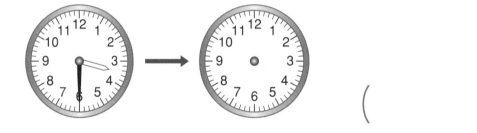

(　　　　　)

3 たかしさんの くみの ともだちが なん月 生まれか
しらべました。

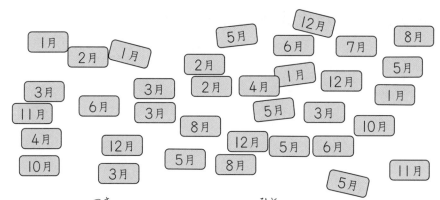

(1) おなじ 月に 生まれた 人の かずが よく わか
るように，下の ずに ○を かきましょう。(15てん)

(2) なん月 生まれが いちばん おおいですか。(10てん)

　　　　　　　　　　　　　（　　　　　　　　）

(3) いちばん すくないのは なん月 生まれですか。(10てん)

　　　　　　　　　　　　　（　　　　　　　　）

(4) ほかにも わかった ことを かきましょう。(15てん)

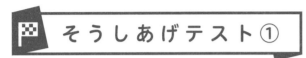

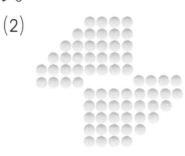

**そうしあげテスト①**

**1** くふうして かぞえましょう。(14てん/1つ7てん)

(1)

(2)

( )　　　　　( )

**2** □に あてはまる かずを かきましょう。(28てん/1つ4てん)

(1) 10が 6つと, 1が 3つで □ です。

(2) 77より 10 小さい かずは □ です。

(3) 38より 5 大きい かずは □ です。

(4) 76より 8 小さい かずは □ です。

(5)
□　　□　　□　　　□　　　□
↓50　60↓　70　↓　80　↓90　100↓

(6) 67 — 68 — 69 — □ — □ — □

(7) □ — □ — 100 — □ — 80 — 70

**3** いちばん　大きい　かずに　○を　つけましょう。

（18てん／1つ3てん）

(1) (71, 49, 41)　　　　(2) (25, 26, 52)

(3) (33, 44, 22)　　　　(4) (56, 57, 65)

(5) (48, 58, 27)　　　　(6) (101, 111, 110)

**4** けいさんを　しましょう。 （40てん／1つ2てん）

(1) 5＋2　　　　　　　(2) 12＋7

(3) 8＋7　　　　　　　(4) 5＋6

(5) 60＋8　　　　　　　(6) 54＋2

(7) 20＋80　　　　　　(8) 6＋90

(9) 8－2　　　　　　　(10) 16－3

(11) 15－7　　　　　　(12) 13－7

(13) 75－5　　　　　　(14) 78－6

(15) 100－60　　　　　(16) 90－40

(17) 15＋4－9　　　　(18) 10－4＋6

(19) 4＋2＋3　　　　　(20) 15－5－4

こたえ ▶ べっさつ39ページ

## そうしあげテスト②

じかん 20ぷん　とくてん

ごうかく 80てん　　　てん

**1** なんじなんぷんですか。(20てん /1つ5てん)

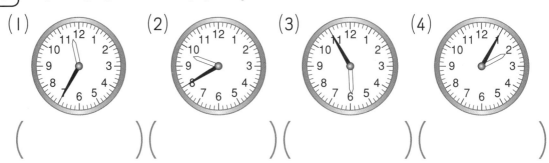

(1)　　　　　　(2)　　　　　　(3)　　　　　　(4)

(　　　　　)(　　　　　)(　　　　　)(　　　　　)

**2** 上と 下を あわせると 10に なるように, かずを 入れましょう。(20てん /1つ2てん)

| 上 | 7 |  | 1 |  | 8 | 3 |  |  | 2 | 9 |
|---|---|---|---|---|---|---|---|---|---|---|
|  | ↕ | ↕ | ↕ | ↕ | ↕ | ↕ | ↕ | ↕ | ↕ | ↕ |
| 下 |  | 4 |  | 6 |  |  | 5 | 10 |  |  |

**3** せんの ながい じゅんに, ばんごうを かきましょう。

(10てん)

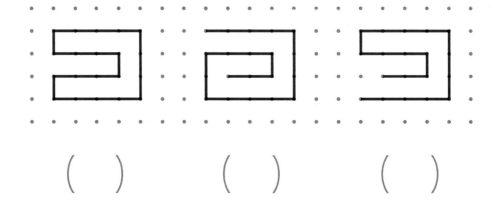

(　　)　　　(　　)　　　(　　)

**4** ひろい　じゅんに　ばんごうを　かきましょう。

(20てん／1つ10てん)

(1)

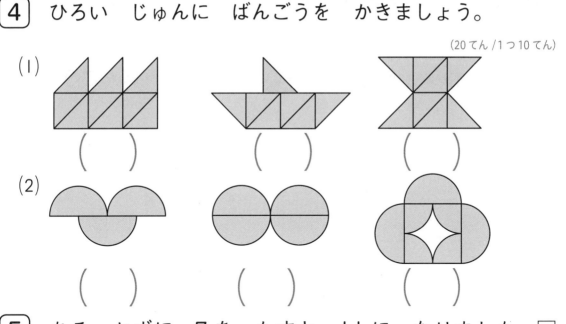

（　　）　　　　（　　）　　　　（　　）

(2)

（　　）　　　　（　　）　　　　（　　）

**5** ある　かずに　7を　たすと　11に　なりました。□の　ある　しきを　かいて，あるかずを　もとめましょう。(10てん)

(しき)

　　　　　　　　　　　　　　　　こたえ（　　　　　　　）

**6** かさが　大きい　じゅんに　ばんごうを　かきましょう。

(10てん)

（　　）（　　）（　　）（　　）

**7** 玉入れを　しました。赤ぐみは　なんこ　はいりましたか。

(10てん)

(しき)

3こ　すく　なかった。

58こ　はいった。

赤　　　　　　　　白　　　こたえ（　　　　　　　）

## そうしあげテスト③

**1** つみ木の かずの おおい じゅんに，ばんごうを かきましょう。（4てん）

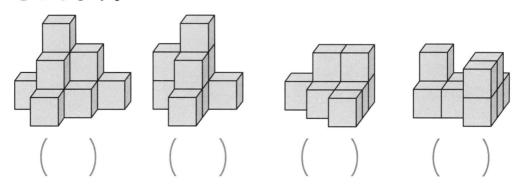

( )　　( )　　( )　　( )

**2** ながい じゅんに ばんごうを かきましょう。（4てん）

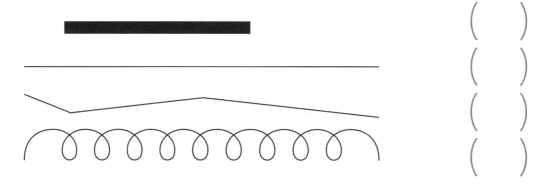

( )

( )

( )

( )

**3** けいさんを しましょう。（32てん／1つ2てん）

(1) 4＋0　　　　(2) 7＋6　　　　(3) 8＋7

(4) 10－5　　　(5) 14－8　　　(6) 17－8

(7) 23＋5　　　(8) 40＋30　　　(9) 50＋50

(10) 82－2　　　(11) 60－30　　　(12) 100－40

(13) 7＋2－4　　　　　　(14) 8－5＋4

(15) 15－7＋8　　　　　　(16) 8＋9－7

## 4 かずは いくつですか。 (6てん/1つ3てん)

(1)

( )

(2)

( )

## 5 □に あてはまる かずを かきましょう。 (9てん/1つ3てん)

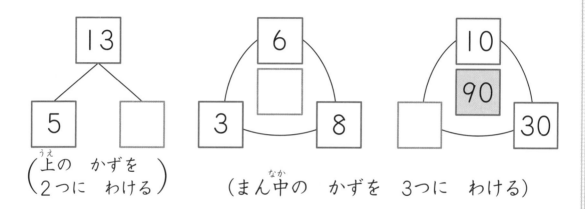

```
    13
   /  \
  5    □
```
(上の かずを
 2つに わける)

```
      6
      □
  3       8
```
(まん中の かずを 3つに わける)

```
      10
      90
  □       30
```

## 6 □に あてはまる かずを かきましょう。 (10てん/1つ2てん)

(1) 87 は, 10 が □ こと 1 が 7 こ

(2) 45 は, 10 が 4 こと 1 が □ こ

(3) □ は, 10 が 3 こと 1 が 6 こ

(4) | 50 | □ | 70 | □ | 90 |

(5) | 105 | □ | □ | 75 | 65 |

**7** □に あてはまる かずを かきましょう。 (16てん/1つ4てん)

(1) $6+\boxed{\phantom{00}}=10$

(2) $\boxed{\phantom{00}}-6=3$

(3) $10+\boxed{\phantom{00}}-8=6$

(4) $9-4+\boxed{\phantom{00}}=13$

**8** ひろとさんは おとうとに カードを 7まい あげました。いま, 8まい もって います。はじめに なんまい もって いましたか。 (6てん)

(しき)

こたえ (　　　　　　　)

**9** 子どもが 1れつに ならんで います。さきこさんの まえに 10人, うしろに 30人 います。子どもは みんなで なん人 ならんで いますか。 (6てん)

(しき)

こたえ (　　　　　　　)

**10** あめが 14こ あります。ふくろに 4こずつ つめて いきます。あめの のこりが 4こより すくなく なるまで つめるとき, あめは なんこ のこって いますか。 (7てん)

(しき)

こたえ (　　　　　　　)

小1

## ハイクラステスト
# 算数
## こたえ

# 1 あつまりと かず

## 標準クラス

**1**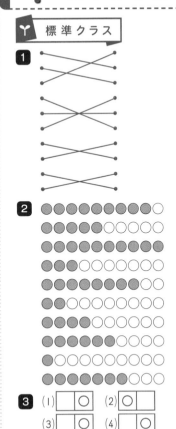

**2**

**3** (1) [　| ○ ] (2) [ ○ | 　]
　　(3) [　| ○ ] (4) [ 　| ○ ]

## ハイクラス

**1** (1) (　) (○)
　　(2) (　) (　) (○)

**2**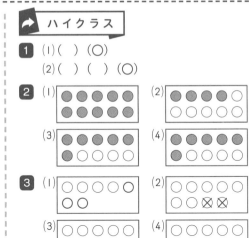

**3** (1) (2) (3) (4) (5) (6)

**4** (1) ( おおい ・ すくない )
　　(2) ( たります ・ たりません )
　　(3) ( おおい ・ すくない )
　　(4) ( たります ・ たりません )

---

📖 **指導のポイント**

**1** 具体物を✿と1対1対応させる問題です。

**？わからなければ** 具体物の絵の上に○をかいて，同じ数のものを右側から探させましょう。
たとえば，パンダでは，下のようになります。

🐼🐼🐼🐼🐼🐼

○だけ並べると，○○○○○○

**2** 具体物を半具体物である●に表します。1つずつ○に色を塗っていくようにさせます。

**？わからなければ** 左側にある具体物を1つずつチェックしながら，右側の○の中を赤く塗りつぶしていかせましょう。

**3** 具体物の数の大小比較をさせます。

**？わからなければ** 左右の絵を1対1対応させることが基本です。左側の絵と右側の絵を1つずつチェックし，残ったほうが多いことを理解させましょう。
たとえば，花の絵では，下のようになります。

🌷🌷🌷🌷🌷 | 🌼🌼🌼　　→右側のほうが多い。

**1** ○の数の多少を比較する問題です。1対1対応させます。(1)多いほうを答えるか，少ないほうを答えるか，問題文をよく読むことも大切です。(2)3つの数の多少を比較します。順序よく考えさせましょう。

**？わからなければ** (2)まず，左側と真ん中の2つを比較させ，多かったほうと残りの右側とを比較させましょう。

**2** おはじきを，□の中にあるか外にあるか，赤色かどうかで分ける問題です。

**？わからなければ** 条件に合うおはじきだけに印を付けて考えるようにさせましょう。

**3** 具体物と半具体物の○を対応させます。具体物を○の数に正確に表せることが大切です。

**？わからなければ** 先に，○を7つかき，問題の(1)〜(6)にかかれている○の数と1対1対応で比較させましょう。

**4** ケーキの数を基準にして，それより多ければ足りる少なければ足りないと判断します。

**？わからなければ** 日常生活に取り入れて考えさせましょう。

# 2 10までの かず

## ⅂ 標準クラス

**1** (1)5 (2)10 (3)6
(4)9 (5)7 (6)4

**2** (1)●●●●●●●●○○
(2)●●●●●○○○○○
(3)●●●●●●●○○○
(4)●●●●●●●●○○

**3** (1)□○ (2)□○ (3)○□
(4)□○ (5)□○ (6)○□

**4** (1)6 (2)7, 8 (3)4, 5
(4)6, 4 (5)8, 7

**5**
○○○○○ ○○○○○ ○○○○○
○○○ ○○○ ○○○○⊗⊗

## → ハイクラス

**1** (1)8, 7, 6, 5, 4, 3, 2, 1, 0
(2)10, 9, 8, 7, 6, 5, 4, 3
(3)10, 8, 6, 4, 2, 0

**2** (1)5, 3
(2)ななみさんに ○
2

**3** (1)2 (2)4
(3)3 (4)1 (5)1 (6)2

**4** (1)9 (2)9 (3)5 (4)9

**5** (1)3, 7 (2)2, 6 (3)8, 6

---

## 📖 指導のポイント

**1** 具体物を数字で表します。数え忘れがないように，順番に数えさせます。

**❓わからなければ** 1つずつチェックしながら，数字を声に出して数えさせましょう。

**2** 数を半具体物で表します。具体物から数を表していた逆の考え方です。数字を見れば，すぐに○の数をイメージできることが大切です。

**❓わからなければ** 声に出して「いち」，「に」，「さん」，……と数えながら，いっしょに●を塗らせましょう。

**3** 数の大小比較をします。0から10までの数の大小について，具体物に立ち返ることなく，正確にすぐに判断できるようにしておくことが大切です。

**❓わからなければ** それぞれの数に合う○をかき，大小比較をさせます。0から10までの数を唱えさせ，後に出てくる数が大きいことを確認させましょう。

**4** 数をきまりにしたがって並べます。並んでいる数からきまりを予想して，順番に数えたり，逆に数えたりするなど，いろいろな数え方ができるようにさせます。

**❓わからなければ** (3)では，「6，7，8」と1ずつ増えているので，6の前は「1増えて6になる数」と考えるか，逆に8から考えれば1ずつ減っているので，「6より1小さい数」と考えさせましょう。

**5** 数字と半具体物の○を対応させます。数字を○の数に正確に表せることが大切です。

**❓わからなければ** 先に○を8つかき，問題の○の数と1対1対応で比較させましょう。

**1** 数を大きいほうから順番に並べていきます。いちばん大きな数を選び，チェックして書き出します。そして，残りの数の中からいちばん大きな数を選ぶことを繰り返していきます。

**❓わからなければ** 選んで並べた数を小さい右のほうから声に出して読み，正確に並んでいるか確認させましょう。

**2** 具体的な場面を読み取り，何を問われているかを判断しなければなりません。(1)では，絵にかかれた玉の数を数字で表し，(2)で，多少比較をします。

**❓わからなければ** おはじきなどに置き換えて考えさせましょう。日常生活で，ゲームとして取り入れて興味を持たせましょう。

**3** 2つの数の差を求める問題です。

**❓わからなければ** (3)〜(6)は，2つの数を○に置き換えて考えさせます。また，○を数に置き換えたり，その逆を行ったりして，数と具体物の数の関係の理解を深めさせましょう。

**4** 1つの数を基準にして，その「前，次，後」などの数の大きさを考えさせます。

**❓わからなければ** (2)では，6の後に「7，8，9」と書いていき，3つ後の数を見つけさせます。「前」という場合も，同様に書いて調べさせましょう。

**5** 数の並びを2とびや，逆に2とびで数えるなど，数のいろいろな見方を考えさせます。

**❓わからなければ** 1から10までの数を順番に書き，問題に示されている数に○を付け，○の付いた数の関係から数の並び方を考えさせましょう。

# 3 なんばんめ

p.10〜13

## ▽ 標準クラス

**1** (1)3 ばんめ (2)6 ばんめ
(3)5 にん (4)10 にん

**2** (1)4 (2)3

**3** (1)3 だんめ (2)4 だん
(3)したの ず

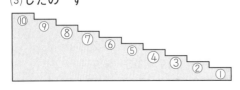

**4** (うえから じゅんに)8, 5, 3

## ➡ ハイクラス

**1** (1)したの ず (2)7 にん
(3)したの ず (4)8 にん
(5)5 にん

**2** (1)3 ばんめと 9 ばんめ
(2)5 にん

**3** (1)3 ばんめ (2)4 ばんめ
(3)ねずみ (4)2 ひき

**4** (1)かな (2)3, 4

---

## 📖 指導のポイント

**1** 「前から」「後ろから」「たくみさんの前，後ろ」と数える基準を明確にさせます。「たくみさんの前，後ろ」の場合，「たくみさん」は含まれません。次の人が1番目になることに注意させます。

**？わからなければ** (3)の場合，たくみさんに○をつけ，1つずつ指で押さえ，声に出して数えさせましょう。

**2** 数える基準は「いちばん大きい数から」ということを明確にさせます。そして，数を大きい順に並べて，4番目の数を選択させます。

**？わからなければ** 大きい数から並べることが困難な場合，逆に小さい数から順に並べさせます。そして，その数を大きいほうから数え，4番目の数を選択させましょう。

**3** 数える基準は「下から」です。途中のそうたさんから数えるとき，階段に書いてある数字が妨げになります。1つずつ指で押さえ数えさせます。

**？わからなければ** はじめの位置が理解困難なことがよくあります。階段の下におはじきを置いて，実際に動かして考えさせましょう。

**4** 順序数と計量数の違いを理解し，活用できるかを確かめる問題です。

**？わからなければ** 1人ずつ指で押さえて数えさせましょう。「3番目」は「3人目」ともいえることから，「〜目」とつく場合とつかない場合のちがいを考えさせましょう。

**1** 問題の絵は左が前になっています。「前」がどちらかに注意させます。「りくさんとくみこさんの間」は，この2人を含まずに考えさせます。

**？わからなければ** りくさんとくみこさんを含んだ子どもの絵をもとに，○と□の付いている間の人数を考えさせましょう。

**2** 間の人数は，基準になる2人を明確にすることが大切です。問題の絵の赤い服の子に○を付けて考えさせます。

**？わからなければ** 下の図のように，赤い服の子を○，それ以外の子を×として考えさせましょう。

× ○ × × × × ○ × ×

**3** 数える基準が「上から」「下から」「途中の動物より下」といろいろあります。問題の基準が何か確認しておくことが大切です。

**？わからなければ** 「りすより下に」の場合，りすを除いて考えさせます。問題文に沿って，りすに○を付けて考えさせましょう。

**4** 上下，左右の2方向を使って，位置を表します。

**？わからなければ** (1)では，まず「上から2段目」を□で囲み，次に「右から3番目」を□で囲みます。2つの□が重なったところが答えであることを理解させます。他の位置についても上・下・左・右の順番を逆にしたり，(1)と(2)の形式を交互にしたりして，繰り返し練習させることで習熟させましょう。

# 4 かずの わけかた

p.14〜17

## 標準クラス

**1**

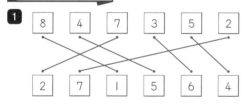

**2** (1)7 (2)10 (3)4
(4)9 (5)2 (6)4

**3** (1)3
(2)4
(3)4

**4** (1)9 (2)6
(3)7 (4)6
(5)2 (6)3

**5** (1)5 (2)5 (3)10

## ハイクラス

**1**

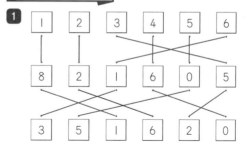

**2** (1)6, 4
(2)2

**3** 2, 4, 2
6, 1, 5

**4** (1)3 (2)1
(3)3 (4)4

**5** (1)10 (2)7

---

### 指導のポイント

**1** 2つの数で9をつくる組み合わせを考えます。与えられた数があといくつで9になるかを考えさせます。

**?わからなければ** 図をかいて考えさせましょう。

9 ○○○○○○○○○

8 ○○○○○○○○

**2** 数の合成を考えます。

**?わからなければ** 数の合成・分解の構造を示したテープ図の中に, 数値を入れて考えさせましょう。

| 全体 | |
|---|---|
| 部分 | 部分 |

**3** 子猫が合わせて7匹いることをとらえ, 7がいくつといくつに分けられているか考えさせます。

**?わからなければ** おはじきかブロックを使って考えさせましょう。

**4** 数の分解を考えさせます。

**?わからなければ** 上に示したテープ図に数値を入れたり, ○に置き換えて考えさせましょう。

**5** 数の分解と合成を考えさせます。

**?わからなければ** 「8は3といくつ」「8と2でいくつ」と, 問い方を変えて考えさせましょう。

**1** 3つの数で10をつくる組み合わせを考えます。3つの数を組み合わせるので, 1つの数が決まっても, 残りの数は1通りに決まらないことがあります。大きな数から解決させます。

**?わからなければ** あらかじめ線が引いてある部分から考えてから, 残りを考えさせましょう。真ん中の列の数の大きいものから考えさせるとよいでしょう。

**2** 数の分解を考える文章問題です。この考え方はひき算につながります。

**?わからなければ** 色ごとに○を10個かき, 既にある本数との差を考えさせます。

**3** 3つの数の分解を練習する問題です。全体に対して部分が3つに分かれるだけで, しくみは2つの数の分解と同じです。

**?わからなければ** 数を○に置き換えて考えさせましょう。

**4 5** 3つの数の合成・分解の問題です。

**?わからなければ** 数を○に置き換えて考えさせましょう。

# 5 たしざん ①

p.18〜21

## ▼ 標準クラス

**1** (1)4 (2)3 (3)5 (4)5 (5)9 (6)9
(7)7 (8)7 (9)9 (10)9 (11)10 (12)6
(13)4 (14)8 (15)8 (16)10 (17)6 (18)7

**2** (1)5 (2)2 (3)9 (4)7 (5)3 (6)0

**3** (しき)3+4=7 (こたえ)7にん

**4** (しき)4+6=10 (こたえ)10こ

**5** (しき)5+3=8 (こたえ)8わ

**6** (1)　　　　　(2)

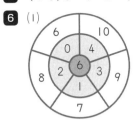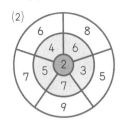

## ➡ ハイクラス

**1** (1)8 (2)8 (3)10 (4)8 (5)9 (6)6
(7)10 (8)7 (9)10 (10)9 (11)9 (12)8
(13)8 (14)9 (15)10 (16)10 (17)9 (18)7

**2** (1)2 (2)3 (3)5 (4)4 (5)3 (6)3

**3** (しき)5+2=7 (こたえ)7わ

**4** (しき)4+6=10 (こたえ)10こ

**5** (れい)あかい　はたが　6ぽん　あります。
しろい　はたが　3ぼん　あります。
あわせて　なんぼん　ありますか。

---

## 📖 指導のポイント

**1** 1位数どうしの繰り上がりのないたし算の計算練習です。手を使って計算したりすることなく，すぐに答えが出せるようにさせます。

**? わからなければ** 数をブロックやおはじきに置き換えて考えさせます。また，計算カードなどを用いて計算練習をさせましょう。

**2** 0のあるたし算です。ある数に0をたしても，0にある数をたしても，答えはある数になることを理解させます。

**3** 男の子の人数と女の子の人数を合わせる問題場面です。文章問題を解決するには，問題場面を正確に読み取らせることです。まず，出てくる数値の関係を「加えるのか」，「取り去るのか」理解させます。この関係が理解できたら式に書き表し，正確に計算させます。そして，答えには単位を付けさせます。

**? わからなければ** 問題文に沿って，図をかかせましょう。

**4** 増加するたし算の問題場面を考えさせます。

**? わからなければ** みかんをおはじきに置き換えて，具体的な場面で考えさせましょう。

**5** 合わせる問題場面を考えさせます。

**? わからなければ** 問題文を1文ずつ分けて理解させていきましょう。

**6** 真ん中の数とまわりの数をたす計算練習をさせます。速く正確に計算することを意識させましょう。

**1** 繰り上がりのないたし算の計算練習をします。

**? わからなければ** 数を○に置き換えて考えさせましょう。
6+2=○○○○○○+○○

**2** たし算の計算で，隠されたたされる数やたす数を考えます。「3+□=5」を「3にいくらかをたすと5になる」と読みかえて，考えさせます。

**? わからなければ** 「4. かずの わけかた」(p.14〜17)を復習させましょう。

**3** 文章問題は，図をかくことが求められていなくても，問題場面を理解するために，まず図をかくことを指導します。図は丸や四角など簡単な記号で表します。次に，式を書いて計算し，最後に答えを書きます。

**? わからなければ** すずめの数を○で表して考えさせましょう。
○○○○○←○○

**4** たし算の文章問題を，図→式→答え　の順に書かせます。

**? わからなければ** ○を使った図を使って考えさせましょう。

**5** たし算になる場面を考えさせます。6が赤い旗の数，3が白い旗の数であることを理解し，合わせた数がいくつか問いかける文が書けていれば正解とします。

**? わからなければ** p.19 **3** の問題文を参考にさせましょう。「あわせて」や「ぜんぶで」を使って書くことがポイントです。

# 6 ひきざん ①

p.22〜25

## 標準クラス

**1** (1)1 (2)2 (3)3 (4)1 (5)2 (6)4
(7)5 (8)6 (9)1 (10)3 (11)6 (12)9
(13)4 (14)5 (15)3 (16)2 (17)7 (18)2

**2** (1)3 (2)6 (3)0 (4)8 (5)0 (6)0

**3** (しき)7−3=4 (こたえ)4こ

**4** (しき)8−5=3 (こたえ)3にん

**5** (しき)9−2=7 (こたえ)7まい

**6** (1)

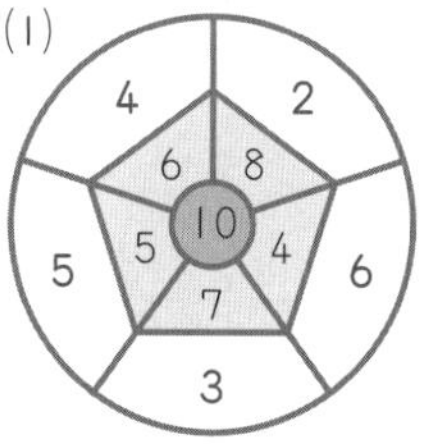


(2)

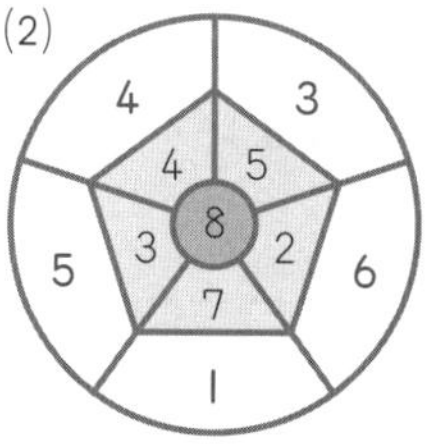


## ハイクラス

**1** (1)3 (2)1 (3)4 (4)7 (5)1 (6)2
(7)1 (8)0 (9)9 (10)4 (11)8 (12)2
(13)8 (14)0 (15)3 (16)3 (17)6 (18)1

**2** (1)3 (2)6 (3)9 (4)7 (5)6 (6)8

**3** (しき)10−3=7 (こたえ)7まい

**4** (しき)9−6=3 (こたえ)おんなのこ, 3

**5** (れい)いぬが 8ひき います。
ねこが 5ひき います。
ちがいは なんびきですか。
(れい)いぬが 8ひき います。
ねこが 5ひき います。
どちらが なんびき おおいですか。

## 指導のポイント

**1** 10までの数の繰り下がりのないひき算の計算練習です。手を使って計算したりすることなく，すぐに答えが出せるようにさせます。

**?わからなければ** 数をブロックやおはじきに置き換えて考えさせます。また，計算カードなどを用いて計算練習をさせましょう。

**2** 0のあるひき算です。ある数から0をひくと答えはある数になり，同じ数どうしのひき算の答えは0になることを理解させます。

**3** 全体からいくつか食べて，残りの数を求める場面のひき算の問題です。文章問題を解決するには，問題場面を正確に読み取らせます。まず，出てくる数値の関係を理解させます。この関係が理解できたら式に書き表し，正確に計算させます。答えには単位を付けさせます。

**?わからなければ** 問題文に沿って，図をかかせましょう。

「みかんが7個」 ○○○○○○○

「3個食べました」「残り」 ○○○○●●●

**4** (子ども)−(女の子)=(男の子)になります。このことを式に表して計算させます。

**?わからなければ** 図をかいて考えさせましょう。

**5** 使っていない折り紙の枚数を考えさせます。

**?わからなければ** 上の**3**と同じように，図をかいて考えさせましょう。

**6** 真ん中の数からまわりの数をひく計算練習をさせます。計算は速く正確にすることを意識させましょう。

**1** 繰り下がりのないひき算の計算練習をさせます。

**?わからなければ** 数を○に置き換えて考えさせましょう。

**2** ひき算の計算で，隠されたひかれる数やひく数を考えます。「8−□=5」を「8からいくつかひくと5になる」と読みかえて考えさせます。

**?わからなければ** 問題を次のように○に置き換えて考えさせましょう。

(1) ○○○○○○○○
　　　　○○○○○
隠したのはいくつ？

(4) ○○○○○○○
はじめにあったのはいくつ？

**3** 使った後の残りを考えさせます。

**?わからなければ** 問題文に沿って，図をかき，式に表して考えさせましょう。

**4** 女の子と男の子の人数の差を求めます。このとき，差の数だけでなく，多いほうの子どもの性別も考えさせます。

**?わからなければ** 女の子と男の子のどちらが多いかを考えてから，計算をはじめさせましょう。

**5** ひき算になる場面を考えさせます。8が犬の数，5が猫の数であることを理解し，数の差を求める問いかけが書けていれば正解とします。

**?わからなければ** p.25**4**の問題文を参考にさせましょう。「ちがいは」や「どちらが多い(少ない)」を使って書くことがポイントです。

1 (1)8 (2)4 (3)7 (4)1
(5)6 (6)10 (7)5 (8)9

2 (1)□〇 (2)〇□
(3)□〇 (4)□〇

3 (1)8
(2)10
(3)2
(4)8

4 (1)10 (2)9 (3)7
(4)8 (5)8 (6)10
(7)1 (8)3 (9)3
(10)4 (11)7 (12)10

5
| 1+4 | 6-1 |
| 2+3 | 7-2 |
| 3+2 | 8-3 |
| 4+1 | 9-4 |

6 5まいずつ

---

## 📖 指導のポイント

1 半具体物の数を数字で表します。数え落としのないように，印を付けながら数える習慣をつけさせましょう。
**❓わからなければ** 1から10まで，順序よく唱えることができるか，数字を正しく読み書きできるかを確認してあげましょう。
半具体物の数をおはじきなどに置き換え，数えやすいように並べ直させましょう。

2 数の大小比較をします。10までの数の大小について，具体物だけでなく，数字でも，正確にすぐに判断できるようにしておくことが大切です。
**❓わからなければ** 〇や△の数を唱えさせ，どちらの数が大きいかを確認させましょう。
半具体物を数字に変えて，数の大小を比較させてもよいでしょう。

3 数の合成・分解を考えます。特に「いくつといくつとで10」，「10はいくつといくつ」は，単元8，9で学習する繰り上がり，繰り下がりのある計算の考え方の基礎となります。
**❓わからなければ** 〇に置き換えて考えさせましょう。
(1)まず〇を2個かいて，〇が10個になるまでかき足します。
〇〇●●●●●●●●
(2) 〇〇〇〇〇 と 〇〇〇〇〇
(3) (〇〇〇〇〇)(〇〇〇〇)〇〇
(4) 〇〇〇 と 〇 と 〇〇〇〇

4 10までの数の繰り上がりのないたし算と，繰り下がりのないひき算の計算練習をさせます。
**❓わからなければ** 問題に沿って，おはじきを使って計算させましょう。
(12) 0は「ひとつもない」ことを表す数です。
10-0は，10から何もひかないので，10のままであることを理解させましょう。

5 カードの並び方のきまりを見つけて考えさせましょう。どのように考えたかを説明させるとよいでしょう。
**❓わからなければ** おはじきや〇を使って考えさせましょう。

| たし算 | ひき算 |
| 〇●●●● | 〇〇〇〇〇● |
| 〇〇●●● | 〇〇〇〇●● |
| ? | 〇〇〇●●● |
| 〇〇〇〇● | ? |

6 10をいくつといくつに分ける分け方はいろいろありますが，同じ数ずつ分ける分け方は，「5と5」だけであることを理解させましょう。
**❓わからなければ** 実際に折り紙を使って，分けさせましょう。より効率よく分ける方法を工夫させてみるのも，よい学習になります。

 チャレンジテスト②

1 (1)0, 2, 4, 6
　(2)8, 6, 4, 2
　(3)8, 4, 0

2 (1)9　(2)7　(3)3

3 (1)○○●○○○○○○○
　(2)8 ばんめ
　(3)○○○○○●●●●●
　(4)4 つ

4 (1)3　(2)5　(3)1
　(4)9　(5)＋　(6)−

5 (しき)10−7＝3
　(こたえ)3 こ

6 (しき)9−7＝2
　(こたえ)あかい, 2

7 (しき)5＋3＝8
　(こたえ)8 こ

---

📖 指導のポイント

1 数をきまりにしたがって並べる方法を考えます。2 とびで数えたり, 逆に 2 とびで小さくなったりする方法で, 数の並び方を考えさせます。

❓ わからなければ まず, 増えていくのか, 減っていくのかを考えさせます。

(1)の場合, 1 から 5 へと数が増えています。下のように, 0 から 10 まで数字を書いて, 問題の数字に□を付けて考えさせましょう。

　0 ⬚1 2 ⬚3 4 ⬚5 6 7 8 9 10

(3)の場合, 10 から 2 へと数が減っています。10 から順に数字を書いて考えさせましょう。

　⬚10 9 8 7 ⬚6 5 4 3 ⬚2 1 0

いくつとびで並んでいるか, 並び方のきまりを見つける力を養いましょう。

2 1 つの数を基準にして, それよりいくつか大きい数・小さい数を考えさせます。

❓ わからなければ 1 から 10 までの数を書いたり, おはじきなどの具体物を使って考えさせましょう。

3 「左から」,「右から」と数える基準を明確にさせなければなりません。どこから数え, いくつか, または何番目なのか, 正確にとらえさせることが大切です。

「何番目」と「何番目まで」の違いも明確に区別できるようにさせましょう。

❓ わからなければ 下の図のように, ○に左からの順と右からの順にそれぞれ番号を付けて考えさせましょう。

(左から)　1　2　3　4　5　6　7　8　9　10
　　　　　○　○　○　○　○　○　○　○　○　○
(右から)　10　9　8　7　6　5　4　3　2　1

4 数や ＋, − の記号が隠された式が示されています。式を見て, 数やどの記号を選ぶか考えさせます。問題に示された数値から, この式はたし算なのかひき算なのかを考えさせます。

❓ わからなければ (5)の 7□2＝9 の場合は, 7 と 9 を比べさせます。

7 より 9 が大きいことを理解させます。

7 に 2 を加えることが理解できます。

7＋2 の計算をさせます。

7＋2＝9 となります。

(6)は(5)と違い, 8 より 2 が小さいことから, 数が減る場合はどういう計算になるか考えさせます。

5 ひき算の文章問題です。文章を読み, 問題場面の状況を理解し, たし算かひき算かを考えさせます。

❓ わからなければ 問題場面の数値を○に置き換えて, 考えさせましょう。

答えには忘れずに単位を書かせましょう。

6 差を求めるひき算の文章問題です。式を書いて計算する前に, どちらの色の花が多いか考えさせます。次に式を書き, 計算させます。

❓ わからなければ 問題の数値を○に置き換えて, 計算させましょう。

7 たし算の文章問題です。文章を読み, 問題場面の状況を理解し, たし算かひき算かを考えさせます。

❓ わからなければ 問題場面を図にかかせて計算させましょう。

　○○○○○○　○○○
　　たべた　　のこり

# 7 20までの かず

p.30〜33

## 標準クラス

**1**

| 17 | ○○○○○○○○○○<br>○○○○○○○ |
|----|----|
| 16 | ○○○○○○○○○○<br>○○○○○○ |

| 14 | ○○○○○○○○○○<br>○○○○ |
|----|----|
| 20 | ○○○○○○○○○○<br>○○○○○○○○○○ |

**2** (1)15　(2)20　(3)20

**3** (1)10, 12　(2)20, 16　(3)10, 12
(4)14, 18　(5)17, 13

**4** (1)12　(2)10　(3)13　(4)10
(5)10　(6)9　(7)10　(8)8
(9)7　(10)14

## ハイクラス

**1** (1)13　(2)16　(3)17　(4)20

**2** (1)

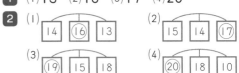

(3)

**3** (1)3, 8, 16
(2)11, 14, 18

**4** 13と 16に ○

**5** (1)18　(2)12　(3)20　(4)10　(5)16
(6)2

---

## 📖 指導のポイント

**1** 20までの数を，○を使って「10といくつ」で表します。

**？わからなければ** 1つずつ声に出し，数字の数まで○をかかせましょう。上段に10個並べてから下段へ移り，左から順にかいていくことで，「10と いくつ」を実感させましょう。

**2** 物の数を20までの数字で表す問題です。
**？わからなければ** 1つずつ声に出して数えさせます。

**3** きまりにしたがって，数を並べます。2とびや逆に並べるなど，示されている数からそのきまりを読み取り，空いているところの数を考えさせます。
**？わからなければ** 問題の小さい数から大きい数まで，またはその逆の数字を書いて，示されている数に○を付けてきまりを予想させます。そして，予想に沿って○を付け，予想が正しいか考えさせます。(4)では，
⑩ 11 ⑫ 13 14 15 ⑯ 17 18 19 ⑳
予想すると，
⑩ 11 ⑫ 13 ⑭ 15 ⑯ 17 ⑱ 19 ⑳

**4** 数の構成について調べます。たとえば，17は，10が1個と1が7個でできているという十進位取り記数法の基礎を学ばせます。
また，20までの数の合成についても理解させます。
**？わからなければ** (10)では，10が1個より十の位を考えさせ，1が4個より一の位を考えさせ，その位に数字を書かせましょう。

**1** 物の数を20までの数字で表す問題です。2とびや5とびで数えると効率的に数えられます。示された図から，どんな考え方が適しているか見分ける力を養いましょう。
**？わからなければ** 20までの数を順に唱えたり，正しく数字で書けるか確認しましょう。

**2** 20までの数の大小比較をします。数の大小比較は，まず十の位で大小を比較させます。十の位が同じときは，一の位の大小比較をさせます。
**？わからなければ** 1，2，3，4，……，19，20と数字を書き，比べる3つの数に○を付けさせ，後ろの数ほど大きいことを理解させます。

**3** 数の線の見方を理解し，目盛りに対応する数を求めます。
**？わからなければ** すべての目盛りに順に数字を書き込ませましょう。0から始まっていない数の線の場合の書き込み方に注意させましょう。

**4** 20までの数の大小比較をします。
**？わからなければ** 1から20まで数字を順に書き並べさせ，10と18の間にある数字をもれのないように，全部見つけさせましょう。

**5** 基準の数から指定された数だけ大きい，または小さい数を求めます。
**？わからなければ** (1)は15，16，17，18と書いて，3大きい数を見つけさせましょう。

**3**の数の線を使って，考えさせてもよいでしょう。
15　　　　　20

3大きい

# 8 たしざん ②

## 標準クラス

**1** (1)11 (2)12 (3)12 (4)13 (5)12
(6)11 (7)17 (8)11 (9)11 (10)11
(11)12 (12)15 (13)14 (14)15 (15)13
(16)14 (17)16 (18)14 (19)14 (20)11
(21)16 (22)12 (23)16 (24)12

**2** (しき)8+3=11 (こたえ)11人

**3** (しき)7+5=12 (こたえ)12わ

**4** (しき)4+9=13 (こたえ)13こ

**5** 3+9=12　　4+8=12
5+7=12　　6+6=12
7+5=12　　8+4=12
9+3=12
の　中から　6つ

## ハイクラス

**1** (1)13 (2)14 (3)15 (4)13 (5)18 (6)12
(7)18 (8)17 (9)14 (10)15 (11)13 (12)19
(13)18 (14)18 (15)16 (16)18 (17)19 (18)19

**2** (1) 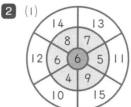　(2)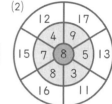

**3** (1)7 (2)8 (3)7 (4)9 (5)5 (6)7

**4** (しき)10+8=18 (こたえ)18本

**5** (しき)13+4=17 (こたえ)17ひき

**6** (しき)11+6=17 (こたえ)17人

---

## 指導のポイント

**1** 1位数どうしの繰り上がりのあるたし算の計算練習です。たとえば，(19)の8+6の計算方法は，次の3つが考えられます。
6を2と4に分けて，(8+2)+4
8を4と4に分けて，4+(4+6)
8を3と5，6を5と1に分けて，3+(5+5)+1
問題の数値によって，どの計算方法を選択するか考えさせることが大切です。
**? わからなければ** 繰り上がりのあるたし算では，「10といくつ」になるかを考えることが基本です。したがって，(3)の7+5の場合，7にあといくつ加えると10になるかを考えて，5を3と2に分け，7に3を加えて10をつくることを考えさせましょう。

**2** 文章に沿って，問題場面を図にかいて考えさせます。
**? わからなければ** 男の子と女の子を，青と赤のおはじきなどに置き換えて考えさせましょう。

**3** たし算の文章問題です。
**? わからなければ** 問題場面を図にかいて考えさせましょう。

**4** たし算の文章問題です。
**? わからなければ** 文章に沿って，おはじきを4個持たせ，あとから9個渡し，何個になるか考えさせましょう。

**5** 上の答えのように，7通りできますから，そのうち6通り答えられたら正解です。

**1** 1位数どうしの繰り上がりのあるたし算と，2位数と1位数の繰り上がりのないたし算の計算練習です。この場合の2位数と1位数のたし算のしかたは，まず，2位数の数の構成を考えさせ，一の位だけに着目して計算すればよいことを理解させます。
**? わからなければ** 2位数は，10のまとまりがいくつと，ばらがいくつに分けて考えさせます。たとえば，12+6の答えは，12は10のまとまり1つと，ばら2つ。それにばら6つを加えるので，ばらは8つ。つまり，10のまとまり1つと，ばら8つになると考えさせます。

**2** 真ん中の数とまわりの数をたす計算をさせます。

**3** 隠された「たされる数」か「たす数」を考えます。
**? わからなければ** たし算を図に表すと，次のようになります。

| 答え | |
|---|---|
| たされる数 | たす数 |

**4 5** たし算の文章問題です。
**? わからなければ** 数値をおはじきに置き換えて解決させましょう。

**6** 逆思考の問題です。問題場面はひき算ですが，答えはたし算で求めます。
**? わからなければ** 文章に沿って，おはじきを動かして問題場面を把握させます。

はじめに　いた　人
○○○○○○○○○○○　○○○○○○
のこった　11人　　　かえった 6人

# 9 ひきざん ②

## ▽ 標準クラス

**1** (1)8 (2)7 (3)9 (4)6 (5)9 (6)2
(7)9 (8)5 (9)8 (10)5 (11)3 (12)9
(13)5 (14)7 (15)4 (16)8 (17)7 (18)8
(19)9 (20)6 (21)7 (22)5 (23)8 (24)9

**2** (しき)12−6=6 (こたえ)6こ

**3** (しき)15−9=6 (こたえ)6まい

**4** (しき)11−7=4 (こたえ)4人

**5** (しき)13−8=5 (こたえ)5まい

## ➡ ハイクラス

**1** (1)9 (2)8 (3)6 (4)3 (5)7 (6)8
(7)10 (8)10 (9)10 (10)10 (11)10 (12)10
(13)12 (14)12 (15)11 (16)11 (17)11 (18)13

**2**
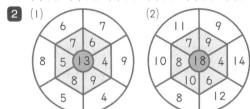

**3** (1)14 (2)12 (3)7 (4)9 (5)15 (6)6

**4** (しき)14−4=10 (こたえ)10人

**5** (しき)18−7=11 (こたえ)白い，11

**6** (しき)16−5=11 (こたえ)11こ

---

### 📖 指導のポイント

**1** 繰り下がりのあるひき算の計算練習です。12−5は，次の2つの計算方法が考えられます。
12を10と2に分けて，（10−5）＋2
12を2と10，5を2と3に分けて，(2−2)＋(10−3)
問題の数値によって，どの計算方法を選択するか考えさせることが大切です。

**？ わからなければ** 11−8の計算などは10−8を計算して2，これに1をたします。この計算方法のほうが計算回数が少なく便利なことが多いです。この方法を理解させてから選択させましょう。また，ブロックなどを用いて，この計算方法を理解させましょう。

**2** 問題文に沿って問題場面を考え，図に表し，式を書かせます。

**？ わからなければ** くりをおはじきに置き換えて考えさせます。問題文に沿って12個並べ，食べた数だけ箱の中に戻して，残った数を考えさせましょう。

**3** ひき算の文章問題です。

**？ わからなければ** 実際に折り紙を使って，ひき算の意味を理解させ，問題場面を図に表し何枚残っているか調べさせましょう。

**4** ひき算の文章問題です。

**？ わからなければ** 数値を○に置き換えて，図に表して考えさせましょう。

**5** ひき算の文章問題です。

**？ わからなければ** まず○を13個かき，そのうち8個の○に色を塗らせて，色が塗られなかった数を求める式を考えさせましょう。

**1** 繰り下がりのあるひき算と，2位数と1位数の繰り下がりのないひき算の計算練習です。この場合の2位数と1位数のひき算のしかたは，まず，2位数の数の構成を考えさせ，一の位だけに着目して計算すればよいことを理解させます。

**？ わからなければ** ひかれる数を「10と残りの数」に分けて考えさせましょう。

**2** 真ん中の数からまわりの数をひく計算をさせます。

**3** ひき算で隠された「ひかれる数」か「ひく数」を考えさせます。

**？ わからなければ** ひき算を図に表すと，次のようになります。

| ひかれる数 | | (2) | ひかれる数 | |
|---|---|---|---|---|
| ひく数 | 答え | | ○○○○○○○○ | ○○○○ |

**4** ひき算の文章問題です。

**？ わからなければ** 図をかいて考えさせましょう。

**5** 差を求めるひき算の文章問題です。差を求めるときには，どちらが「少ない」か，「多い」かという判断が求められます。

**？ わからなければ** 問題文を読み，赤と白のどちらが少ないかを考えさせます。計算をして答えがわかったら「白い旗が11本少ない」と声に出して読ませましょう。

**6** ひき算の文章問題です。

**？ わからなければ** みかんの数をおはじきに置き換え，操作して，解決させましょう。

# 10 3つの　かずの　けいさん

p.42〜45

## 標準クラス

**1** (1)6　(2)17　(3)13　(4)13　(5)4　(6)3
(7)1　(8)2　(9)2　(10)8　(11)8　(12)7
(13)11　(14)13　(15)9　(16)11

**2** (1)1　(2)5　(3)8　(4)4　(5)5　(6)4

**3** (しき)7+3+5=15　(こたえ)15本

**4** (しき)14-5-7=2　(こたえ)2こ

**5** (しき)4+3+6=13　(こたえ)13人

## ハイクラス

**1** (1)15　(2)18　(3)7　(4)9　(5)12　(6)10
(7)19　(8)14　(9)12　(10)19　(11)14
(12)7

**2** (1)+, +　(2)-, +　(3)+, -
(4)-, -　(5)+, -　(6)-, -
(7)+, +　(8)-, +

**3** (しき)15-3+4=16　(こたえ)16人

**4** (しき)14-4-3=7　(こたえ)7まい

**5** (しき)10+9-9=10　(こたえ)10人

**6** (しき)2+5+8=15　(こたえ)15こ

---

## 指導のポイント

**1** 3つの数によるたし算やひき算の混じった計算をします。計算は前から順にし，たし算やひき算のきまりにしたがって計算させます。

**？ わからなければ** 前から順に計算させましょう。
(2)の 6+3+8 の場合，6+3=9 を計算し，その答えに 8 をたします。9+8=17 と順に計算させます。
(7)の 16-7-8 の場合，16-7=9 を計算し，その答えから 8 をひきます。9-8=1 と計算させます。

**2** 3つの数によるたし算やひき算の計算で，隠された数を考えさせます。3つのうち 2 つの数が示されているので，その 2 つの数の計算をして，残りの数を考えさせます。

**？ わからなければ** (5)の 6+8-□=9 の場合，6+8=14 の計算をします。次に，14-□=9 の計算を考えさせます。この計算は繰り下がりのあるひき算と同じ計算になります。

**3** 3つの数が出てくる文章問題です。どのような式になるか，文章を最後まで読んで問題場面を理解させ，式を書かせます。

**？ わからなければ** 問題文を最後まで読み，赤色と白色と黄色の旗全部をたすことを理解した後，式を考えさせ，7+3+5 を書かせます。この後，前から順に計算させましょう。

**4** 3つの数によるひき算の文章問題です。

**？ わからなければ** いちごをおはじきに置き換えて，おはじきを実際に動かし，問題場面を理解させ，式を書かせましょう。

**5** 3つの数によるたし算の文章問題です。

**？ わからなければ** 問題文を最後まで読み，問題場面を理解させ，式を書かせましょう。

**1** 3つの数を前から順に計算させます。(11)，(12)は 4 つの数の計算ですが，3つの数の計算と同じように考えさせます。

**？ わからなければ** (5)の 8+10-6 の場合，8+10=18 を計算し，その答えから 6 をひいて，18-6=12 で，答えは 12 になります。

**2** 3つの数と答えからその計算がたし算かひき算かを考えさせます。3つの数をすべてたしたり，大きな数から小さな数をひいたり試行錯誤をさせましょう。

**？ わからなければ** (3)の 9□8□3=14 の場合，まず，9 と 8 をたすと 17 になり，3 を使って 14 との関係を考えさせます。このとき，17-3=14 になるから，9+8-3=14。このように，はじめの 2 つの数をたしたりひいたりして，3 番目の数と答えからたすのかひくのかを考えさせましょう。

**3** 3つの数のたし算とひき算の混じった文章問題です。問題文を最後まで読んで，どのような式で計算できるか考えさせます。

**？ わからなければ** はじめ 15 人乗っていて，3 人降りたので，ひき算です。そして，4 人乗ったので，たし算です。15-3+4=16

**4** 3つの数のひき算の文章問題です。

**？ わからなければ** おはじきなどを使って，問題どおりに操作させましょう。

**5** たし算とひき算の混じった文章問題です。

**？ わからなければ** 男の子と女の子を合わせた人数から，9 人が帰ったことを理解させましょう。

**6** 3つの数によるたし算の文章問題です。

**？ わからなければ** 問題文を最後まで読み，問題場面を理解させ，式を書かせましょう。

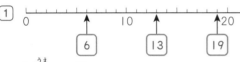

1 （省略）

(1)上の　ず
(2)16
(3)8

2 (1)15　(2)13　(3)14
(4)17　(5)18　(6)17
(7)5　(8)9　(9)6
(10)10　(11)12　(12)11
(13)15　(14)1　(15)3

3 （しき）8＋7＝15
（こたえ）15こ

4 （しき）17－8＝9
（こたえ）9まい

5 （しき）7＋4＋3＝14
（こたえ）14こ

6 (1)＋，＋　(2)＋，－
(3)＋，－　(4)＋，－
(5)＋，－　(6)＋，－
(7)＋，－　(8)－，－

---

📖 指導のポイント

1 数の線をもとに考える問題です。数の線の性質を理解させましょう。
・数が等間隔に並んでいる。
・右にいくほど，数が大きくなる。
❓わからなければ 左から順に，すべての目盛りに数字を書き入れさせましょう。
(2)は20から左へ4目盛り進んだところの数を読ませましょう。(3)は，11から19まで，右へ何目盛り進めばよいか考えさせましょう。

```
10⑪          ⑲20
```

2 20までの数の繰り上がりのあるたし算，繰り下がりのあるひき算の計算練習をします。また，3つの数のたし算とひき算が混じった計算をします。
❓わからなければ ひき算の計算方法はいろいろあります。計算の苦手な子どもには，まず，「10からひいて残りをたす方法」を理解させてから，いろいろな計算方法にチャレンジさせましょう。
3つの数の計算は，前から順番に行うように注意させましょう。

3 「くばる」という言葉からひき算を連想しやすいですが，答えはたし算で求める文章問題です。
問題文を正しく読み取る力も養いましょう。
❓わからなければ 問題の場面をイメージさせます。

4 「求補」の問題です。全体と部分の数から，他方の部分の数を求めるときは，ひき算をします。
❓わからなければ ○を使って考えさせましょう。
まず，色紙全体の数だけ○をかきます。
○○○○○○○○○○
○○○○○○○
このうち，8個に青色を，残りの○に赤色を塗らせます。
図から，赤い色紙を求める式を考えさせましょう。

5 吹き出しの言葉から問題場面を把握して問題を解決させます。
❓わからなければ 具体物を使って考えさせましょう。
まず，あいさんの数を求めてから，わたるさんの数を求めさせます。この場合，式を2つに分けて書きます。その後で，1つの式に書くようにします。
7＋4＝11←あいさんの数
11＋3＝14←わたるさんの数

6 3つの数と答えからその計算がたし算かひき算かを考えさせます。3つの数をすべてたしたり，大きな数から小さな数をひいたりしながら，問題を解決させましょう。
❓わからなければ はじめの2つの数をたしたりひいたりして，3番目の数と答えから，たすのかひくのか考えさせましょう。
(1)4から6はひけないので，
4＋6□2＝12
4＋6－2だと答えが12になりません。
4＋6＋2だと答えが12になります。

1 (1)5 (2)4 (3)2

2 (れい)りんごが 8こ，みかんが 5こあ
ります。あわせて なんこですか。

3 (れい)くろい じどうしゃが 9だい，赤
い じどうしゃが 13だい あります。
ちがいは なんだいですか。

4 (1)2 (2)7
(3)3 (4)6
(5)＋，－ (6)－，＋

5 (しき)8＋9＝17
(こたえ)17こ

6 (しき)13－7＝6
(こたえ)6まい

7 (しき)10＋8－6＝12
(こたえ)12人

---

📖 指導のポイント

1 場面に合った式をつくる問題です。
問題の(1)〜(3)の 3 つの図はどれもおはじきが 10 個です
が，並べ方が異なっています。図の並べ方を式で表現し
たり，式から並べ方を図に表す力を養いましょう。
❓ わからなければ おはじきを式に合わせて，◯で囲ま
せましょう。

2 たし算の作問をします。たし算になる場面は「合併」
や「増加」です。ここでは，りんごとみかんの 2 種類
の果物が提示されているので，「合併」の問題をつくる
とよいでしょう。
❓ わからなければ 「あわせて」や「ぜんぶで」を使えば
よいことに気づかせましょう。

3 ひき算の作問をします。ひき算になる場面は，「求差」
「求残」です。ここでは，黒と赤の 2 種類の車が提示さ
れているので，「求差」の問題をつくるとよいでしょう。
❓ わからなければ 「ちがいは」を使えばよいことに気づ
かせましょう。

4 式に示された□の中に入れる数や ＋，－ を考えさ
せます。
3 つの数の式では，前から順番に考えていくことを思い
出させましょう。
❓ わからなければ (1)「9 はあといくつで 11」と問いか
けましょう。
(2)◯を使って考えさせましょう。

15
◯◯◯◯◯◯◯ ◯◯◯◯◯◯◯◯
いくつ？        8

(3)先に 9－8 を計算すると，1＋□＝4 と同じになります。
(5)5 から 7 はひけないので 5＋7□6＝6
5＋7＋6 と 5＋7－6 をそれぞれ計算させて，答えが 6
になるか調べさせましょう。

5 「あげる」という言葉からひき算を連想しがちですが，
よく問題文を読み，問題場面を理解させます。
❓ わからなければ ◯を使って考えさせましょう。

はじめ
◯◯◯◯◯◯◯◯ ◯◯◯◯◯◯◯◯◯
あげた        のこり
8こ          9こ

9＋8＝17 でも正解です。

6 ひき算の文章問題です。
❓ わからなければ カードを使って実際に操作させ，問題
の意味を理解してから解決させましょう。

5 も 6 も「あげる」場面ですが，5 は「はじめの数」
を求め，6 は「残りの数」を求めます。違いを理解さ
せましょう。

7 人数が増えたり減ったり，問題場面が複雑です。増
えた時はたし算，減った時はひき算をします。
❓ わからなければ 図に表して考えましょう。
1 つの式に表すことが難しければ，順を追って，2 つの
式に分けてもかまいません。
10＋8＝18，18－6＝12
2 つの式を 1 つの式にまとめることや，逆に 3 つの数
の式を 2 つに分けた式を考えさせるのもよいでしょう。

# 11 大きい　かず

## 標準クラス

**1** (1)63　(2)29　(3)80　(4)96
(5)100　(6)104

**2** (1)68　(2)85　(3)40
(4)73　(5)100　(6)112

**3** (1)70，90，120　(2)86，88，90
(3)77，97，117　(4)102，100，98

**4** (1)68　(2)92　(3)100

**5** (1)49　(2)95，115
(3)63，84，70

## ハイクラス

**1** (1)10　(2)9，6　(3)7，4　(4)101

**2** (1)2　(2)9　(3)10
(4)10　(5)20　(6)2

**3** (1)91　(2)105　(3)110　(4)55

**4** (1)56，58，62　(2)103，99，95
(3)45，63　(4)44，88

**5** (1)97　(2)23　(3)69

---

## 📖 指導のポイント

**1** 数のしくみについて学習します。10 のかたまりがいくつあるかを十の位に書き，1 がいくつあるかを一の位に書いて数を表します。10 が 10 個で 100 です。この考え方が十進位取り記数法の考え方です。

**? わからなければ** 右のように，それぞれの数をそれぞれの位の位置に書かせましょう。

| 十の位 | 一の位 |
|---|---|
| 6 | 3 |

数字のない位には必ず「0」を書くことを忘れないようにさせましょう。

**2** 120 までの数の大小比較をします。大小比較は，大きな位から比較します。同じ場合は次の位で比較します。100 と 90 のように，百の位からはじまる数と十の位からはじまる数では，百の位からはじまる数のほうが大きいことから判断させます。

**? わからなければ** 「68，67」のように十の位が同じ場合，一の位の大きさで比較させましょう。

**3** 10 とびや逆に 2 とびなど，示されている数字から□の中の数を判断させます。

**? わからなければ** (4)の |106|―|104| は 2 減っていることから，次々に 2 ずつ減らしていき，96 になるか考えさせましょう。

**4** 大きい数の構成について学習します。2 位数は，十の位と一の位で構成されています。

**? わからなければ** 10 のかたまりの数は十の位に，1 の数は一の位に書かせましょう。

**5** 数のしくみと大小比較の学習です。

**? わからなければ** (3)小さいほうからすべて並べさせましょう。49，63，70，84，95，100，115

**1** 120 までの数の構成を学習します。

**? わからなければ** 10 のかたまりの数は十の位に，1 の数は一の位に書かせましょう。

**2** 数の大きさの違いを学習します。

**? わからなければ** 十の位が等しければ，一の位の違いだけ数が違うことを理解させましょう。

**3** 基準の数から指定された数だけ大きいあるいは小さい数を求めさせます。

**? わからなければ** (2)100 より 5 大きい数は，101，102，103，104，105 と調べさせましょう。
(4)75 より 20 小さい数は，10 とびで，75，65，55 と考えると効率的です。

**4** きまりにしたがって考えます。示されている数字のきまりから□の中の数を判断させます。

**? わからなければ** (3)は 9 とびであると考えてもよいですが，数字をよく観察して，一の位と十の位の数字をたすと，どれも 9 になっています。または，十の位は 1 ずつ増え，一の位は 1 ずつ減ると考えてもよいでしょう。
(4)一の位と十の位に同じ数が並んでいます。数のいろいろな見方に気づかせ，興味を持たせましょう。

**5** 条件に合う 2 けたの数を作ります。どのようにして考えたか説明もさせましょう。

**? わからなければ** (1)十の位に一番大きい 9 を，一の位に次に大きい 7 を置けばよいことに気づかせます。
(3)70 より小さくて一番近い数は 69，70 より大きくて一番近い数は 72。この 2 数を比較してから答えを導くことが大切です。

# 12 たしざん ③

p.54〜57

## 標準クラス

**1** (1)50　(2)30　(3)100　(4)90　(5)80
(6)100　(7)62　(8)45　(9)25　(10)36
(11)57　(12)63　(13)96　(14)55　(15)87
(16)48　(17)58　(18)38　(19)67　(20)99
(21)77　(22)26　(23)55　(24)87

**2** (しき)30+10=40　(こたえ)40本

**3** (しき)8+20=28　(こたえ)28人

**4** (しき)32+7=39　(こたえ)39さつ

**5** (しき)4+52=56　(こたえ)56こ

## ハイクラス

**1** (1)①チョコ　②クッキー
(2)たりる
(れい)
ガムと　チョコの　ねだんを
あわせます。
10+30=40　40円です。
50円は　40円よりも　おおいから
たります。

**2** (しき)50+40=90　(こたえ)90人

**3** (しき)60+40=100　(こたえ)100こ

**4** (しき)80+5=85　(こたえ)85円

**5** (しき)62+7=69　(こたえ)69人

---

## 指導のポイント

**1** 何十のあるたし算の計算練習をします。
また，(2位数)＋(1位数)の計算を学習します。十の位と一の位に分けて計算させます。
**？わからなければ** (10) 30＋6は，十の位は3，一の位は0＋6＝6で36になります。
(17) 51＋7は，十の位は5，一の位は1＋7＝8で，58になります。

**2 3** たし算の文章問題です。問題場面を自分の力で図にかけるようにさせます。
**？わからなければ** 花や子どもをおはじきに置き換え，文章に沿って問題場面を理解し，おはじきを動かして計算させましょう。

**4** たし算の文章問題です。どのような問題場面か，図にかいて考える習慣をつけさせます。
**？わからなければ** ○を使った図などで問題場面を理解させ，計算させましょう。

**5** 増加の場面なので，たし算の文章問題です。
**？わからなければ** 問題場面を図に表す際，52個を10のまとまりとばらに分けて示すとわかりやすくなります。

○○○○　⑩⑩⑩⑩⑩⑩○○
↓ あわせると
⑩⑩⑩⑩⑩⑩○○○○○○

**1** 問題文を読んで，条件に合ったものを選びます。また数の大小比較の知識を日常生活に活用します。
**？わからなければ** (1)①「おなじおかしを2つ」に着目させます。クッキー2つなら40＋40＝80，ガムなら…と，順に調べさせましょう。
(2)いきなり計算で考えるのが難しい場合は，図で考えさせましょう。

ガム　チョコ

**2 3** (何十)＋(何十)の文章問題です。
**？わからなければ** 問題場面を理解し，1位数どうしのたし算の文章問題と同じように解決させましょう。

**4** 鉛筆より5円高い消しゴムの値段を求めさせます。
**？わからなければ** 基準より5円高いことより，基準の80円に5円たすことを理解させます。
まずは，基準が何かを把握することが大切です。

**5** 62人より7人多い人数を求めさせます。
**？わからなければ** 基準より7人多いことより，基準の62人に7人たすことを理解させます。次に，問題場面を理解させます。下のような図を使って理解させましょう。

1年生○○○……○○
2年生○○○……○○○○○○○○○
└─ 62人 ─┘└─ 7人 ─┘

# 13 ひきざん ③

## 標準クラス

**1**
(1) 10　(2) 30　(3) 20　(4) 10　(5) 60
(6) 40　(7) 50　(8) 40　(9) 10　(10) 50
(11) 60　(12) 90　(13) 70　(14) 60　(15) 80
(16) 21　(17) 61　(18) 45　(19) 72　(20) 36
(21) 63　(22) 81　(23) 75　(24) 65

**2** (しき) 30−20＝10　(こたえ) 10 人

**3** (しき) 28−8＝20　(こたえ) 20 こ

**4** (しき) 48−6＝42　(こたえ) 42 まい

**5** (しき) 59−5＝54　(こたえ) 54 こ

## ハイクラス

**1** (1) ①のり　②けしゴム
(2) (れい)
　　50 円　もって　いて，ぶんぼうぐを
　　1 つ　かうと，10 円　あまりました。
　　かった　もの…えんぴつ

**2** (しき) 55−5＝50　(こたえ) 50 まい

**3** (しき) 87−3＝84　(こたえ) 84 人

**4** (しき) 80−60＝20　(こたえ) 白い，20

**5** (しき) 100−70＝30　(こたえ) 30 まい

---

## 📖 指導のポイント

**1** 答えが 2 位数になるひき算の計算練習をします。(何十何)−何 の場合，十の位と一の位に分けて計算させます。
**❓ わからなければ** 次のようにして求めることを理解させましょう。
(10) 52−2 は，十の位は 5，一の位は 2−2＝0 で，50 になります。
(16) 23−2 は，十の位は 2，一の位は 3−2＝1 で，21 になります。

**2 3** ひき算の文章問題です。問題場面を自分の力で図にかけるようにさせます。
**❓ わからなければ** 人やどんぐりをおはじきに置き換え，文章に沿って問題場面を理解し，おはじきを動かして計算させましょう。

**4** ひき算の文章問題です。どのような問題場面か図にかいて考える習慣をつけさせます。
**❓ わからなければ** 図をかいて問題場面を理解させてから，計算させましょう。

**5** 59 個より 5 個少ない数を求めます。
**❓ わからなければ** 基準より 5 個少ないことより，基準の 59 個から 5 個ひくことを理解させます。

れいな ○○ ……… ○○ ○○○○○
あやか ○○ ……… ○○

**1** 問題文を読んで，持って行った金額と残った金額から何を買ったのかを考えます。読解力も必要です。
**❓ わからなければ** えんぴつを買ったなら何円あまるか，けしゴムなら…と順に調べさせましょう。
(2)では，50 円よりも高いものは買えないことを理解させましょう。

**2** 求残の文章問題です。
**❓ わからなければ** 「のこりはいくつ」に着目させ，ひき算の式になることに気づかせましょう。

**3** 求補の文章問題です。
**❓ わからなければ** かぞえ棒などに置き換え，文章に沿って動かして，ひき算の式になることを理解させましょう。

**4** 2 つの数の差を求める文章問題です。問題に出てくる数の順番に計算することがよくあります。違いを求めるには次の式になります。(多い本数)−(少ない本数)
**❓ わからなければ** まず，どちらが多いかを考えさせます。

**5** 2 つの数の差を求めることと同じなので，ひき算の文章問題です。
**❓ わからなければ** 「70 はあといくつで 100」と問い方を変えたり，数の線を使って考えさせると，ひき算の式になることが理解しやすくなるでしょう。

# 14 いろいろな もんだい ①

## 標準クラス

**1** (ず)ア10 イ6
(しき)10−6=4
(こたえ)4人

**2** (ず)ア3 イ4
(しき)3+1+4=8
(こたえ)8人

**3** (ず)ア8 イ8 ウ2
(しき)8+2=10
(こたえ)10こ

**4** (ず)ア10 イ7 ウ7
(しき)10−7=3
(こたえ)3本

## ハイクラス

**1** (しき)15−8=7
(こたえ)7人

**2** (しき)9+7=16
(こたえ)16人

**3** (しき)7+10=17
(こたえ)17人

**4** (しき)5+1+2=8
(こたえ)8人

**5** (しき)30−10=20
(こたえ)20人

**6** (しき)13−8=5
(こたえ)5人

---

### 📖 指導のポイント

**1** 全体の人数と前から何番目かが示されていて，後ろの人数を求める問題です。
何番目の人はどちらに入るのか，図をよく見て式を書くように注意しましょう。
**？わからなければ** あきらさんの後ろにいる人数は「残りの人数」を求めることと同じと考えさせると，ひき算の式になることが理解しやすくなるでしょう。

**2** 基準より前の人数と後ろの人数が示されていて，全体の人数を求める問題です。
**？わからなければ** 図を見ると，えりさんも数に含めないといけないことが視覚的にわかりやすくなります。
問題文を読んですぐに式を書くのではなく，問題にかかれているような図をかいてから式を書くようにしましょう。

**3** 人数を，あげたケーキの数に置き換えて考える問題です。
**？わからなければ** あげたケーキの数とあまったケーキの数を合わせた数を求めればよいことを理解させます。

**4** 人数をくばったジュースの数に置き換えて考える問題です。
**？わからなければ** 「残りの数」を求めることに気づかせましょう。

**3 4** 「1こずつ」，「1本ずつ」ということばから，人と物を1対1に対応させて，もとの数にたしたり，ひいたりする考え方を身につけさせましょう。

**1** 全体の人数と前から何番目かが示されていて，後ろの人数を求める問題です。
**？わからなければ** P.62 **1** の図を参考にして，図をかかせてみましょう。

**2** 前から何番目と後ろの人数が示されていて，全体の人数を求める問題です。
**？わからなければ** 前から9番目なので，みおさんを含めて9人乗っていることに気づかせましょう。

**3** 合併の文章問題です。

**4** 基準より前の人数と後ろの人数が示されていて，全体の人数を求める問題です。
**？わからなければ** かずやさんより前の人と後ろの人をたすだけでなく，かずやさんも数に含めなければいけないことに気づかせましょう。

**5** いすの数を人数に置き換えて考えます。

**6** 何番目と何番目の間の人数を求める問題です。
**？わからなければ** 下のような図をかいて，問われていることが何かをはっきりとイメージさせましょう。

さとし　　りこ
○○○○○○○○●○○○○●
└─8人─┘
└──13人──┘

## 標準クラス

**1** (1)ア8　イ4　ウ3

(2)(しき)8＋4＝12

(こたえ)12こ

(3)(しき)12＋3＝15

(こたえ)15こ

**2** (1)(しき)18−3−5＝10　$\begin{pmatrix}18-3=15\\15-5=10\end{pmatrix}$

(こたえ)10こ

(2)(しき)3＋5＝8

18−8＝10

(こたえ)10こ

**3** (1)(しき)3＋5＋6＋3＝17

(こたえ)17人

(2)(しき)3＋5＝8

6＋3＝9

9−8＝1

(こたえ)白ぐみ，1人

## ハイクラス

**1** (しき)7−2＝5

7＋3＋5＝15

(こたえ)15本

**2** (しき)12＋3−7＝8

(こたえ)8まい

**3** (しき)16−8−4＋6＝10

(こたえ)10人

**4** (1)(れい)

あつしさんと　れいなさんに　あげた
あめは，あわせて　なんこですか。

(2)(れい)

けいこさんの　あめは　なんこに
なりましたか。

**5** (しき)50−10＝40

100−50−40＝10

(こたえ)10円

---

### 📖 指導のポイント

**1** 基準の数→多いほうの数→さらに多いほうの数を求める問題です。

(3)は，8＋4＋3のように，1つの式に書くこともできます。

**? わからなければ** 「多いほうの数」を求める問題です。「少ないほうの数」に「違いの数」をたすと，多いほうの数が求められることを，図を通して理解させましょう。

**2** 2つの考え方で文章問題を解決させます。

(1)では，あげた順番に1つの式に書いて計算させます。

(2)では，あげた数だけを別にまとめて計算します。

(1)も(2)も同じ結果になることを考えさせます。わからない場合は，おはじきを使って理解させましょう。

**? わからなければ** (1)は，はじめに持っていたみかんからあげた順番にひき算をさせましょう。

(2)は，あげたみかんの数をすべて計算し，あげたみかんの数の合計をはじめの数からひかせましょう。

**3** 4つの数によるたし算やひき算の混じった文章問題を学習します。

**? わからなければ** 問題文を最後までよく読み問題場面をつかんでから，立式させましょう。

**1** 3色の花の本数の合計を求める問題です。問題文をよく読まずに，7＋3＋2と計算してはいけません。

**? わからなければ** 図にかいて，先に青い花の本数を求めさせましょう。

**2** 基準となる数が何かに注意が必要な文章問題です。

**? わからなければ** 図にかいて，まず，ともみさんの数，次に，さゆりさんの数を求めさせましょう。この場合，2つの式に分けても構いません。

**3** 空いているいすの数を求めます。

**? わからなければ** 図書室にいる人数を求めるのではありません。いすが16脚あって8人座っているということは，16−8であと8人座れるという事です。4人が入ってきて座ると空いているいすの数が4つ減ります。

**4** たし算やひき算の混じった問題を作ります。

**? わからなければ** たし算，ひき算の意味を復習させましょう。

**5** おつりを計算する文章問題です。

**? わからなければ** まず，けしゴムの値段を求めなければならないことに気づかせましょう。

**1**〜**5**の文章題は，問題文をよく読んで内容を理解することが大切です。その後でわからなければ図をかいて，それから立式，答えを求めるという習慣を身につけさせましょう。

# 16 □の ある しき

p.70〜73

## ▼ 標準クラス

**1** (1)8 (2)10 (3)18 (4)10 (5)8

**2** (1)6 (2)50 (3)4 (4)14

**3** (1)9 (2)3 (3)7 (4)5 (5)7
(6)8 (7)7 (8)9 (9)11 (10)17
(11)5 (12)8 (13)40 (14)40 (15)40
(16)60 (17)30 (18)20 (19)70 (20)80

## ➡ ハイクラス

**1** (1)9 (2)12 (3)30 (4)40

**2** (1)（ ）（○）
(2)7 まい

**3** (1)(しき)20＋□＝30
ある かず 10
(2)(しき)90－□＝50
ある かず 40

**4** ㋐5 ㋑8

---

📖 指導のポイント

**1** 数の線と対応させながら，式を考える問題です。全体と部分の数量関係を視覚的にとらえることが大切です。□に数を書き込む問題ですが，たし算の式かひき算の式かという点にも着目させましょう。

❓**わからなければ** 式に出てこない数を□で囲ませます。

(1)
10＋⑧＝18

**2** 全体の数は部分と部分の和で，部分は全体から他の部分をひいて，求められることに気づかせましょう。

❓**わからなければ** **1**のように数の線に目盛りを書き込ませましょう。その後は，計算で求められるように練習させましょう。

(1) □＝10－4 (2) □＝30＋20 (3) □＝7－3
(4) □＝5＋9

**3** たし算やひき算の計算で，隠された数を考えさせます。

❓**わからなければ** たして求めるのか，ひいて求めるのか迷ったら，自分で数の線をかいて考えさせましょう。

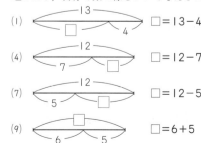

(1) □＝13－4

(4) □＝12－7

(7) □＝12－5

(9) □＝6＋5

**1** 数の線で全体や部分の数を求めます。全体の数は部分と部分をたして求め，部分は全体から他方の部分をひいて求めます。

❓**わからなければ** 数の線に目盛りを書き込ませましょう。次第に計算で効率よく求められるように練習を重ねさせましょう。

**2** わからない数量を□として式に表して考える問題です。

❓**わからなければ** 図に表して考えさせます。これまでは○を使った図を使っていましたが，扱う数値が大きくなってくると○よりもテープ図や線分図が便利になります。

13－□＝6

□＝13－6
□にあてはまる数は7　　7まいあげた

**3** あるかずを□として，お話通りに式を書き，□にあてはまる数を求めます。

**4** わからない数量を順序よく効率的に求める力を養います。

❓**わからなければ** 3つの数が見えている左側に着目させます。
7＋6＋2＝15　3つの数をたした答えは15です。
㋐にあてはまる数を□として式に表すと，6＋□＋4＝15
6＋4を先にたすと　10＋□＝15　□＝15－10＝5
㋑にあてはまる数を□とすると，□＋4＋3＝15
□＋7＝15　□＝15－7＝8

1　(1)34
　　(2)118
　　(3)67
　　(4)105
　　(5)87

2　(1)46　(2)79　(3)59
　　(4)39　(5)90　(6)100
　　(7)60　(8)50　(9)73
　　(10)83　(11)40　(12)60

3　(しき)12−2−2−2=6
　　(こたえ)6こ

4　(しき)36−4=32
　　(こたえ)32人

5　(しき)6+1+6=13
　　(こたえ)13人

6　(しき)9+4−5−6=2
　　(こたえ)2こ

## 指導のポイント

1　数の構成や大きさなどについて学習します。
**? わからなければ**　十進位取り記数法の考え方を復習させましょう。数の線の見方や大小関係についても復習させましょう。
(5)は数の線を使ったり、90，89，88，87と逆に数えて求めさせましょう。

2　繰り上がりや繰り下がりのない2位数と1位数のたし算やひき算の計算のしかたは、まず、2位数の数の構成を理解させ、一の位だけに着目して計算すればよいことを理解させます。
(何十)＋(何十)や(何十)−(何十)の計算は、十の位だけで計算します。
**? わからなければ**　2位数は、「10のまとまりがいくつ」と、「ばらがいくつ」に分けて考えさせます。
たとえば、(3)の51+8の場合、51は10のまとまり5つと、ばら1つ、それにばら8つを加えるので、ばらは9つ。つまり、10のまとまり5つと、ばら9つになると考えさせます。
(何十)を十の位だけで考えるとき、10を①と見て考えさせます。
たとえば、(6)の20+80は、次のように考えさせます。
20→②　80→⑧　②＋⑧＝⑩
10が10個で100だから、20+80=100
この考え方は、ひき算の場合でも同じであることも理解させておきましょう。

3　「3人が2個ずつ」は、かけ算の基礎となる考え方です。
**? わからなければ**　図で考えさせましょう。

4　ひき算の文章問題です。問題文を読み、場面を把握させます。「〜は〜より多い」「〜は〜より少ない」という関係においてどちらが多いのか少ないのかをはっきりととらえさせる必要があります。
**? わからなければ**　具体物を使ったり、絵や図に表して考えさせましょう。

5　全体の人数を求める問題です。図にかいて考えるとよいです。
**? わからなければ**

けんた
まえ ○○○○○○●○○○○○○ うしろ
　　　　 6人　　　　 6人

まず、○を6個かきます。次に、「けんたさん」の印をつけた○をかき、さらにその後ろに○を6個かきます。すると、○は全部で13個になります。式は、たし算で表します。けんたさんの1人を忘れずにたしましょう。

6　4つの数によるたし算やひき算の混じった文章問題です。
**? わからなければ**　問題文をよく読み、数が増える場面はたし算、数が減る場面ではひき算にします。1つ1つ式を分けても構いません。
9+4=13
13−5=8
8−6=2
「もらう」「あげる」「食べる」の言葉から、たし算にするのかひき算にするのか、1つずつ意識して立式させるようにしましょう。

1　(1)5，7
　　(2)70，74，78
　　(3)115，105，100

2　(1)70，20，26
　　(2)100，10，3

3　(1)1
　　(2)7
　　(3)8

4　4たば，3本

5　(しき)12−8−1=3
　　(こたえ)3人

6　(しき)8+5=13
　　(こたえ)13こ

7　(しき)15−8+10=17
　　(こたえ)17人

---

📖 指導のポイント

1　数の構成や順序を考えます。

? わからなければ　具体物を使ったりして，どんなきまり
で数字が並んでいるのかを考えさせましょう。

(2)は数字を書き並べて考えさせましょう。

| 68 | 69 | 70 | 71 | 72 | 73 | 74 | 75 | 76 | 77 | 78 |

(3)　5とびで小さくなっていることに気づかせましょう。

2　計算練習です。

? わからなければ　前から順に正確に計算させましょう。

(1)30+40=70 → 70−50=20 → 20+6=26と考え
ればよいです。

3　たし算やひき算の混じった式の□に入れる数を考え
させます。次のように順番を入れ替えて，計算できると
ころは計算して考えさせます。

(1)　13+6−9−□=9 ⇨ 10−□=9

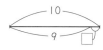

　　　　　□=10−9

(2)　8+□−6+8=17 ⇨ 8−6+8+□=17
　　　　　　　　　　⇨ 10+□=17

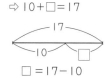

　　　　　□=17−10

? わからなければ　(3)の□+5−9+8=12の場合，5−9
ができません。このような場合は先に5+8のたし算を
してから考えさせましょう。

□+5−9+8=12 ⇨ □+5+8−9=12
　　　　　　　⇨ □+4=12

4　43は10が4つとばらが3つに分けられます。

? わからなければ　具体物で確かめさせましょう。

5　全体の人数と，基準の人から前に何人いるかが示さ
れていて，後ろの人数を求める問題です。

? わからなければ

　　　　　　12人
　　　　　　　　さやか
まえ ○○○○○○○○●○○○ うしろ
　　　　8人

(しき)12−8−1=3　(こたえ)3人

まず，○を12個かきます。前から8つあけて，9つ目
に「さやかさん」の印をつけます。すると，さやかさん
の後ろの○は3個になります。式は，ひき算で表します。
さやかさんもひくことを忘れないようにしましょう。

6　あげた数と残っている数から，はじめにあった数を
考えさせます。残りの数から，時間をさかのぼって考え
させます。「1人1個ずつ」なので，人数とあげたりん
ごの数が同じであることを理解させましょう。

? わからなければ　残っている数にあげた数を加えると，
はじめにあった数になります。

7　最後に乗っている人から逆に，はじめに乗っていた
人の人数を考えます。乗った人はひいて，降りた人は加
えます。

? わからなければ　最後から逆に考えると，乗った人はひ
き算になることを理解させましょう。図や絵を使って考
えさせましょう。

㉓

# 17 ながさくらべ

## 標準クラス

**1** (1) 下に ○  (2) 上に ○

**2** (1)（上から じゅんに）1, 2, 3
(2)（上から じゅんに）2, 3, 1

**3** アとカ, イとク, エとキ, オとケ

**4** (1) 7  (2) 10  (3) 15  (4) 8

**5** イ→エ→ア→オ→カ→ウ

## ハイクラス

**1** オ→ウ→イ→ア→エ

**2** （れい）けしゴム 1こぶんと えんぴつ 1本ぶんの ながさが ちがうから。

**3** (1) 2  (2) 5  (3) 4  (4) 3

**4** （しき）2＋3＝5
（こたえ）5こぶん

**5** （しき）10－7＝3
（こたえ）たて, 3

---

📖 指導のポイント

**1** 2本のテープの長さ比べをします。長さを比べるとき，端をそろえて比較します。両端が同じ場合は，たるんでいるかなどをもとに比較させます。
❓ **わからなければ** 端がそろっていない場合は，移動させてそろえた場合を考えさせます。実際にテープを切り取って比較させましょう。

**2** 端をそろえて長さを比べる方法と，同じ大きさの輪で長さを比べる方法で考えさせます。
❓ **わからなければ** (1)は，端をそろえて長さ比べをさせます。両端が同じときは，途中で曲がっているほうが長いことを，実際にテープを使って調べさせましょう。

**3** 目盛りのついたテープについて，同じ長さのものを探します。それぞれのテープを数値化していき，同じ長さのものを見つけさせます。
❓ **わからなければ** それぞれのテープが何目盛りか数え，テープの上に書き込ませます。その数値をもとに，同じ長さのテープを見つけさせましょう。

**4** 長さの違う単位をもとに測定したときの長さを考えさせます。長さは，いろいろな単位を用いてはかれることを理解させます。
❓ **わからなければ** それぞれの単位をもとに1つずつ測定させます。(2)と(4)は同じ形をしていますが，単位となる長さが違うことを意識させましょう。

**5** 同じ間隔で区切られたマス目の数で長さを比べる問題です。
❓ **わからなければ** マス目の数を書いて考えさせましょう。

**1** 線の長さがマス目何個分からできているか調べます。このマス目何個分の考え方が第2学年で，長さの単位cmの考え方に発展していきます。
❓ **わからなければ** マス目を1個ずつ正確に数えさせます。間違えないように，数えたマス目をチェックするようにさせましょう。

**2** 長さの違う単位をもとに測定，比較した際の問題点を考察させます。
❓ **わからなければ** 実際にいろいろな物を使って長さを調べさせます。長さは，いろいろな単位を用いて測ることができますが，長さを比較する場合は単位となる長さは同じでなければならないことに気づかせましょう。

**3** それぞれの任意単位を数えて，物の長さ比べをします。この長さ比べには2つの方法があります。1つは，端をそろえて長さの違う部分が何個分あるかを数える方法，もう1つは，それぞれの任意単位を数え比較させる方法です。
❓ **わからなければ** 比べる2つの物が任意単位何個分かをそれぞれ書かせます。そして，その違いを計算させましょう。

**4** 長さについての文章問題です。長さの問題も個数の問題と同じように考えて計算させます。
❓ **わからなければ** 問題文に沿って，場面の様子を図にかかせます。その図をもとに解決させましょう。

**5** どちらがどれだけ長いかを求める，長さについての文章問題です。計算をする前に，縦と横のどちらが長いかを考えてから計算させます。
❓ **わからなければ** 計算自体は，10－7で簡単にできます。「たてが 3まいぶん ながい」という答え方に注意して，問題を解決させましょう。

# 18 かさくらべ

p.82〜85

## 標準クラス

**1** イ

**2** ア

**3** (左から)3, 2, 1

**4** ア

**5** (1)ア
(2)ウ

## ハイクラス

**1** (左から)3, 1, 2

**2** (左から)1, 3, 4, 5, 2

**3** (1)イ
(2)ウ
(3)エ
(4)ア
(5)ウ
(6)エ

---

## 📖 指導のポイント

**1** 2つの入れ物に同じ高さだけ水が入っている場合のかさを比べる問題です。ここでは入れ物の横幅が違うことを手がかりにして比べます。

**? わからなければ** 水の高さが同じ場合，幅が広い（太い）入れ物のほうが多く入ることを，実際に確かめるとよいでしょう。

**2** 同じ大きさのカップに入れて，何杯分あったかで，かさを比べる問題です。

かさの問題でも，比べる時の基準をそろえる必要があることを理解させます。

**? わからなければ** 5杯分と4杯分では5杯分のほうが多いことを理解させます。身の回りにある容器などを用いて確かめさせましょう。

**3** 同じ大きさのコップに入れて，何杯分あったかで，かさを比べる問題です。

**? わからなければ** 数の大きさで比べられることを理解させます。小さい共通の容器で何杯分というように，数値化できると便利なことに気づかせましょう。実際に，何種類かの水筒を用いて，それぞれコップ何杯分になるかを調べさせましょう。

**4** 一方の容器からもう一方の容器に移すことで，かさを比べる問題です。

**? わからなければ** 実際に身の回りにある，異なる2つの容器を使って，実感させましょう。

**5** 異なる形の容器のかさを比べる問題です。

**? わからなければ** (1)は，同じ容器に移したときに水面の高さが高いほうが多いということに気づかせましょう。
(2)は，水面の高さは同じですが，容器の直径が大きいほうが多いということに気づかせましょう。

**1** いろいろな入れ物の液量を任意単位で数値化し，液量の多い少ないを比べる問題です。

数値化すれば，数の大きさで比べることができることをとらえさせます。

**? わからなければ** コップの数を数字で書かせ，数の大きさで判断できることを理解させます。実際に，何種類かのペットボトルを用いて，それぞれコップ何杯分になるかを調べさせましょう。

**2** 任意単位で数値化された入れ物のかさを比べる問題です。

**? わからなければ** 数の大きさで判断させましょう。7杯と半分は，7よりも大きく8よりも小さい数字と考えさせます。

**3** いろいろな入れ物に入る水の量を，コップ1杯分を基準にして考えさせる問題です。

2つ分・半分・合わせると……について，具体的にコップの数と合わせながら考えさせましょう。

**? わからなければ** 問題を次のように読みかえて，考えさせましょう。

アが2つ分だと，コップはいくつになるのか。
エが2つ分だと，コップはいくつになるのか。
ウが半分だと，コップはいくつになるのか。
イが半分だと，コップはいくつになるのか。
アとイを合わせると，コップはいくつになるのか。
アとオを合わせると，コップはいくつになるのか。
これらを，数値化してから考えさせましょう。

# 19 ひろさくらべ

## ▼ 標準クラス

**1** (1)ア
(2)イ

**2** 白（しろ）

**3** (1)1 (2)3

**4** (左から）1, 3, 2

**5** (左から）1, 2, 3

## ➡ ハイクラス

**1** ⑦10 ①10 ⑦4

**2** (1)(左から)⑦, 1
(2)(左から)⑦, 1
(3)(左から)⑦, 1
(4)(左から)⑦, 2

**3** ゆきさん
(れい) なぜかと いうと, ゆきさんの じ
んちの ほうが 1ますぶんだけ おおく
ぬって あるから。

**4** (1)ひろし
(2)あや
(3)みゆ

---

📖 指導のポイント

**1** 2つの図形の広さを比べる問題です。広さについて，直接比較と間接比較での問題です。

❓ **わからなければ** (1)は，はしをそろえることで比べられることを伝えましょう。実際に広さの異なる2枚のタオルを使って体験させるのもよいでしょう。

(2)は，同じ大きさの長方形でできていることに気づかせましょう。

**2** 2色の占める広さで，どちらが広いかを問う問題です。

❓ **わからなければ** 左の2列を残して他を隠した場合，黒と白のどちらが広いか考えさせて，そこから，黒と白の正方形の枚数で比べればよいことに気づかせましょう。

**3** 大きさの違う形の広さ比べをする問題です。

❓ **わからなければ** それぞれの5つの形を，写しとって重ねて比べさせましょう。

**4** 広さについて，任意単位による比較の方法を理解させる問題です。重ねて比べることができないので，長方形の数で比べます。数値化すれば，数の大きさで比べることができることをとらえさせます。

❓ **わからなければ** 長方形のひとつひとつに，1から番号を付けさせてみましょう。最後の数値で比べることができることを理解させましょう。

**5** 同じ大きさの中で色が付けられた部分の広さを比べる問題です。色が付けられた部分を数値化して考えます。

❓ **わからなければ** 色が付いている部分に1から番号を付けて比べさせましょう。

**1** □は△が2つでできることがわかれば簡単な問題です。□を△に区切って数えさせましょう。

❓ **わからなければ** ⑦のように，図の□が△になるように，線を引いて考えさせましょう。斜めの線の向きはどちらでもかまわないことも伝えてあげましょう。

**2** それぞれの任意単位を数えて，広さを数値化して比べる問題です。

問題によって，単位となる図形が異なるので，問題文をよく読むようにさせましょう。

❓ **わからなければ** 同じ個数を相殺して違いを出させましょう。

**3 4** ますの数を数えて広さ比べをする問題です。

「何個分だけ多い」といったますの数に目を向け，その表現によって数量化するよさや便利さに気づかせましょう。

ますの数が多いほうが広いことを確かめさせます。

❓ **わからなければ** 方眼の個数の差を計算するのではなく，同じ個数を相殺して違いを出させることもできます。

1　(上から)2，4，3，1

2　(1)コップ
　　　(りゆう)(れい)アの　コップには　ま
　　だ　水が　はいるから。
　　(2)ちゃわん
　　　(りゆう)アが　イより　水が　たかい
　　ところまで　はいって　いるから。

3

| かおる | 2 |
|---|---|
| ゆうこ | 1 |
| まゆみ | 4 |
| かのん | 3 |

4　(1)ア
　　(2)イ，2

---

### 📖 指導のポイント

1　両端がそろっている線の長さを比べる問題です。
**？ わからなければ**　曲がった線を伸ばすとどうなるかを考
えさせましょう。
上から⑦，⑦，⑦，①とすると，下のようになります。
⑦の波線は⑦の波線よりも，波の高さが高いので，伸ば
すと長くなります。
⑦　————————————————
⑦　———————————
⑦　———————
①　——————————————————

2　3つの入れ物に入る液量を比べる問題です。
(1)では，ちゃわんの水をアのコップに移して，かさの多
少を比べています。(直接比較)。
(2)では，ちゃわんとゆのみの水を2つの同じ容器に移
して，その高さで，かさの多少を比べています。(間接
比較)
**？ わからなければ**　ちゃわん，ゆのみ，アのコップ，イの
コップの4つのうち，どれに着目すればよいか絞りま
しょう。
(1)では，ちゃわんとアのコップだけ見せます。ちゃわん
に入っていた水をすべて移してもコップにはまだ水が入
るので，コップのほうが水が多く入ることになります。
(2)では，アのコップとイのコップだけ見せます。ちゃわ
んとゆのみそれぞれに入っていた水を移したコップの水
面の高さを比べると，アの方が高いので，ちゃわんのほ
うが水が多く入ることがわかります。

3　4人の陣取りゲームについて考える問題です。
**？ わからなければ**　それぞれがとった陣地の広さを数値化
して考えさせましょう。
数え間違えないように，1から順に数字を書き入れなが
ら数えさせましょう。

| 1 | 5 | 7 | 9 | 11 | 13 | 15 | 16 | 17 | | | 3 | 5 | 7 | 9 | 13 |
|---|---|---|---|---|---|---|---|---|---|---|---|---|---|---|---|
| 2 | 6 | 8 | 10 | 12 | 14 | | | 1 | 2 | 4 | 6 | 8 | 10 | 14 | |
| 3 | 2 | | | 11 | 14 | | | | | 6 | 9 | 11 | 13 | | |
| 4 | 5 | | | 7 | 12 | 15 | | | | 7 | 10 | 12 | 14 | | |
| 1 | 4 | 6 | 8 | 10 | 13 | 16 | | 3 | 4 | 5 | 8 | 11 | 12 | 15 | |

とった陣地の数
かおる…16
ゆうこ…17
まゆみ…14
かのん…15

4　体積を比較する問題です。
(1)では，同じ大きさの容器にそれぞれ移してから比較し
ます。
(2)では，基準となるものの何個分かで比較します。
**？ わからなければ**　実物を使って考えさせましょう。

1 （左から）1, 3, 2, 5, 4

2 (1)8, 4, 8
  (2)4, 2

3 （左から）3, 4, 5, 1, 2

4 (1)バケツが　コップ　3ばいぶん　おおく
    はいる。
  (2)17 はいぶん

---

## 📖 指導のポイント

1 3種類の太さが違う木に巻き付けた，曲がった針金の長さを考える問題です。

**? わからなければ** 木の太さが太いほど針金を長く使うことを理解させます。同じ太さなら巻く回数を考えさせます。
左から，⑦，④，⑨，④，⑦とすると，④，⑨，⑦は木の太さが同じなので，針金の巻く回数から，⑦＜④＜⑨となります。また，⑦と⑨は針金の巻く回数が同じで，木の太さがちがうので，⑨＜⑦となります。同じように，④＜⑦なので，④＜⑦＜④＜⑨＜⑦となります。

2 □のいくつ分と◺のいくつ分で広さを数値化して，広さ比べをする問題です。
□どうし，◺どうし相殺して違いを出します。

**? わからなければ** (2)□と◺の型紙を用いて，並べかえて比べさせます。

または，◺：1，□：2としてそれぞれの図形を数値化して比べます。
⑦：16，④：20，⑨：18だから，
④は⑦より 4 つ分広い。
④は⑨より 2 つ分広い。

3 長さの順番を決める問題です。上端がそろっているパンダ，犬，きりん，象については下端の位置で判断します。下端がそろっている犬，うさぎについては上端の位置で判断します。順序よく比較する力を養います。

**? わからなければ** それぞれの高さをテープに写しとり，並べさせましょう。

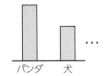

4 任意単位でかさを数値化して，考察する問題です。数値化することで計算で求めることができます。
(1)では，10 杯分と 7 杯分の差を 10−7 で求めることができ，
(2)では，7＋10 で求めることができます。

**? わからなければ** 水がいっぱいに入ったコップの図で考えさせましょう。

## 標準クラス

**1**

**2** （左から じゅんに）
まる，ながしかく，ましかく，さんかく

**3** (1)イ，コ，シ
(2)エ，カ，キ，セ
(3)ア，ク，ソ
(4)ウ，オ，ケ，サ，ス

## ハイクラス

**1** (1)イ，ク (2)ア，オ，ケ

**2**

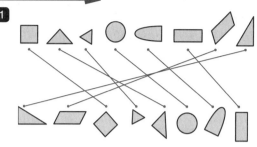

**3**

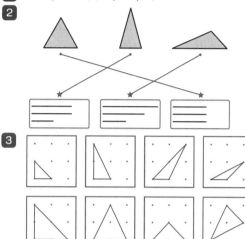

**4** (1)        (2)

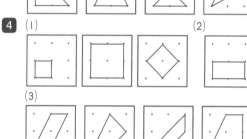

(3)

（**3**，**4**の こたえは れいです。）

---

📖 指導のポイント

**1** 置き方の違う同じ形を見つける問題です。形の特徴をとらえて，ぴったり重なる形を見つけましょう。
**❓わからなければ** 「しかく」「さんかく」「まる」「そのほか」に分けて考えさせたり，問題集を回転させて形をとらえさせたりするようにしましょう。

**2** 形の名前を学習します。
**❓わからなければ** 「ましかく」と「ながしかく」の違いは，辺の長さに関係しています。テープに長さを写しとることで4つの辺の長さをはかり，気づかせましょう。

**3** いろいろな平面図形を，「ましかく」「ながしかく」「さんかく」「まる」に仲間分けをします。
**❓わからなければ** 「△と同じ形はどれですか？」と，問いを言いかえて考えさせましょう。

**1** 四角形の中から，ましかくとながしかくを見つける問題です。
・「ましかく」は，4つの辺の長さがすべて等しく，4つの角が直角。
・「ながしかく」は，向かい合う辺の長さが等しく，4つの角が直角。
**❓わからなければ** 直角かどうかは，ノートのかどを用いて調べさせましょう。

**2** 三角形の辺の長さに着目して観察させます。
**❓わからなければ** 紙に辺の長さを写しとって調べさせましょう。

**3 4** 三角形は3つの点を直線で囲んだ形，四角形は4つの点を直線で囲んだ形であることを理解させます。また，正方形と長方形は，辺の長さがみな同じかどうかで区別することができることに気づかせましょう。
**❓わからなければ** いろいろな三角形や四角形をかかせて，できた三角形や四角形を分類させましょう。

# 21 かたちづくり

p.98〜101

## 標準クラス

**1** (1)4まい　(2)4まい　(3)8まい

**2** (1)(れい)　　(2)(れい)

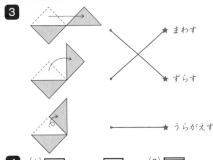

**3**

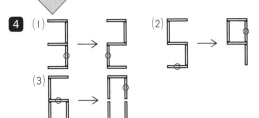

★ まわす

★ ずらす

★ うらがえす

**4** (1) 3 → 2　(2) 5 → 4

(3) 6 → 6

## ハイクラス

**1** (1)4まい　(2)8まい
(3)5まい　(4)4まい

**2** (1)ウ　(2)オ

**3** (1)||本
(2)

**4** (1)

(2)

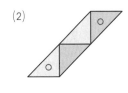

(3)

---

## 📖 指導のポイント

**1 2** 色板で形づくりを学習します。辺と辺をつないで新しい形をつくり，図形のもつ美しさに気づかせます。
**？ わからなければ** 色板のいろいろなつなぎ方を考えさせましょう。次に，そのつなぎ方を参考にして，問題の形の上に色板を置き，枠に沿って並べさせましょう。

**3** 色板の一部を移動して，形を変えることを学習します。この操作を通して，図形を動的にとらえさせるようにしましょう。
**？ わからなければ** 実際に問題のような色板をつくって考えさせましょう。ここでの色板の動かし方を表す言葉の意味は，「回す」は「回転移動」，「ずらす」は「平行移動」を表しています。

**4** 棒の一部を移動して，形を変えることを学習します。
**？ わからなければ** 位置が変わっていない棒に×をつけます。×がつかなかった棒が動いています。

**1** 色板を何枚使ってできているか考える問題です。マス目がありません。つなぎ方を自分で線をかき入れて考えます。また，新しい形になっても，広さは変わらないことにも気づかせましょう。
**？ わからなければ** 実際に㋐の形を紙に写しとって調べさせましょう。

**2** 長四角を2枚並べてできる形を考察します。
**？ わからなければ** 実際にアの形を紙に写しとって調べさせましょう。

**3** 棒を使ってできた形を考察します。
**？ わからなければ** 四角形は対角線で2つの三角形に分けられることに気づかせます。また，真四角2つはそのまま残さなければならないので，上側の平行四辺形のほうを2つの三角形に分けます。

**4** どの色板を動かして形を変えたか考えます。
**？ わからなければ** 実際に色板を使って考えさせましょう。

# 22 つみ木と かたち

p.102～105

## 標準クラス

**1**

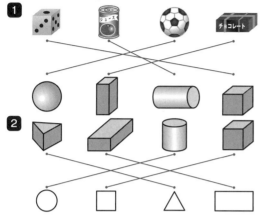

**2**

**3** とんぼ…イ，ウ　さかな…イ，ウ，オ
バス…イ，ウ，エ　いえ…ア，イ，エ，オ
おにぎり…エ，オ　ロボット…ア，エ

## ハイクラス

**1** (1)オ　(2)イ
**2** (1)6 まい　(2)2 まい　(3)2 まい
(4)2 まい
**3** (1)つつの　かたち　5つ
はこの　かたち　2つ
(2)つつの　かたち　2つ
はこの　かたち　6つ
**4** (1)9 こ　(2)16 こ　(3)9 こ
(4)18 こ　(5)9 こ　(6)27 こ

---

📖 指導のポイント

**1** 日常生活に見られる箱や缶などを立方体・直方体・円柱・球などの形に分類させます。日常生活に見られる箱には，曲線部分があったり，頂点が丸くなっていたりするものもありますが，図形化して考え分類させます。

❓**わからなければ** それぞれの形を説明させてから選ばせましょう。また，日常生活に見られる箱や缶などと，4種類の立体を観察し，同じ仲間に分類させましょう。このとき，日常生活に見られるティッシュペーパーの箱や缶づめなど，他の箱や缶を見つけさせ，立体に対する知識を豊かにさせましょう。

**2** 立体を見るとき，真上から見る場合と真正面から見る場合があります。真正面からは，柱体か錐体かの判断ができます。この問題は，真上から見る場合であり，どのような柱体か判断できます。

❓**わからなければ** 実際の積み木を観察させ，判断させましょう。積み木の面を写しとらせて考えさせましょう。

**3** 立体と平面の関係についての理解を深める問題です。写しとった面と立体とを対応させることで，立体と平面の関係を確認します。実際に積み木を使いながら，同じような絵をかいてみるとよいでしょう。

❓**わからなければ** ア，イ，ウ，エ，オの5つの積み木それぞれから，写しとれる形をすべてかきだして考えさせましょう。

**1** 身の回りにある箱や筒がどのような面でつくられているか調べます。同じように見える箱でも，面が正方形だけであったり，正方形と長方形が混ざっていたり，長方形だけであったりすることを調べさせます。

❓**わからなければ** それぞれの面の形を紙に写しとり，調べさせましょう。

**2** ティッシュペーパーの箱の面の形とその数について調べさせます。ティッシュペーパーの箱は直方体の形をしていることを理解させます。

❓**わからなければ** ティッシュペーパーの箱を観察し，面が何枚あるか調べさせます。同じ形の面がどのような位置関係にあり，全部で何枚あるかも調べさせましょう。

**3** 円柱と直方体でつくられた機関車やロボットが，それぞれの積み木いくつでつくられているか調べさせます。

❓**わからなければ** 積み木を用いて実際に組み立てて調べさせ，予想と比較させましょう。

**4** 見えない部分が多くある形を，積み木が何個でつくられているか考えさせます。立方体の積み木がどのように並んでいるかイメージさせてから，問題の解決に当たらせましょう。

❓**わからなければ** まず何個でつくられているか，予想を立てさせます。次に，実際に立方体の積み木で組み立てて，その数を調べさせます。それと同時に，予想と比較させましょう。

① はぶきます

②
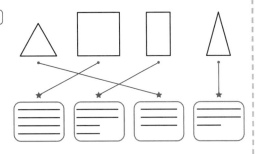

③ （れい）
さんかくは　3本（ぼん）の　まっすぐな　せんで
かこまれて　います。しかくは　4本（ほん）の
まっすぐな　せんで　かこまれて　います。

④ (1) 5まい
(2) 7まい
(3) 6まい

⑤ (1) ウ
(2) ア
(3) ア，イ

---

📖 指導のポイント

① 点をつないで同じ形をつくります。

❓ わからなければ　かき始める点を決めて，右（左）にいくつ・上（下）にいくつ・斜めにいくつなど，確実にかかせましょう。

② 棒を使って2種類の三角形と2種類の四角形をつくります。

❓ わからなければ　棒の本数と長さに着目して考えさせましょう。
棒が3本なら三角形，4本なら四角形になります。
できるだけこの方法で考えて，それでもわからない場合は，実際に棒を使って形をつくってみましょう。

③ 三角形と四角形の違いを記述する問題です。
「さんかくは　かどが　3つ，しかくは　かどが　4つ」としても正解です。
三角形と四角形の似ている点についても考えさせてみましょう。どちらも直線だけでできています。実際に三角形や四角形をかいて実感させましょう。

④ △の色板を何枚使ってできているかを調べます。

❓ わからなければ　下地の点線をもとに，それぞれの図形を△に区切らせましょう。

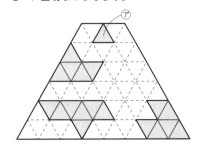

⑤ 箱の形，筒の形，球について，その形状と特性を考える問題です。

❓ わからなければ　身の回りにある箱や缶，ボールを観察させましょう。
ころがりやすさ，積み上げやすさの特性にも着目させましょう。

1 (1)20　(2)19　(3)21

2 (1)6
　(2)3
　(3)5

3

または

4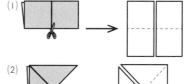

5 (1)ながしかく，2
　(2)さんかく，2
　(3)さんかく，3

---

📖 **指導のポイント**

1 図では見えない位置にある積み木をイメージさせ，全体の積み木の数を考えさせます。
慣れてきたら，積み木を使わず図から考えられるように様々な形で練習させましょう。
**❓わからなければ** 実際に積み木を使って，示された形をつくらせてみましょう。

2 立方体の積み木を縦2個，横2個，高さ3個積んだ形をもとに，その形から積み木を何個か取り除いてできた形とを比較し，何個取り除いたかを考えさせます。
**❓わからなければ** 実際に⑦の形をつくらせ，⑦の形と(1)〜(3)の形の積み木の数を比較させましょう。

3 6つの同じ大きさ，同じ形に分けます。
**❓わからなければ**
〈 の形に着目させて，使った色板は三角形であることを予想させます。いきなり6つに分けることが難しいなら，まず半分に分けてから，さらに3等分ずつに分けさせるとよいでしょう。

4 立体を見るとき，真上から見る場合と真正面から見る場合があります。前からと上からの形がわかれば立体を判断することができます。
**❓わからなければ** 実際の積み木を観察させて，判断させましょう。

5 正方形の紙を半分に折って，切り分けたときにできる形と数を考えます。同じ紙を使っても，折り方や切り方で，できる形や数が違います。
**❓わからなければ** 重ねて切っているので，広げた図を考えさせます。

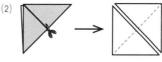

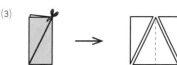

実際に紙を折って切らせてみましょう。

# 23 とけい

p.110～113

## 標準クラス

**1** (1)3 じ 5 ふん
(2)8 じ
(3)6 じ 2 ふん
(4)1 じ 42 ふん
(5)9 じ 30 ぷん
(6)4 じ 35 ふん

**2** ウ→ア→イ

**3** (1)ア 1 じ　イ 1 じ 30 ぷん
ウ 2 じ
(2)30，30
(3)ウに ○
(4)
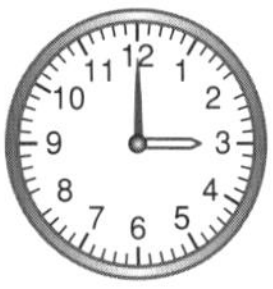

## ハイクラス

**1** (1)
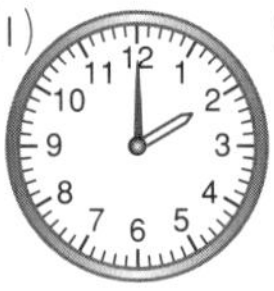
(2)
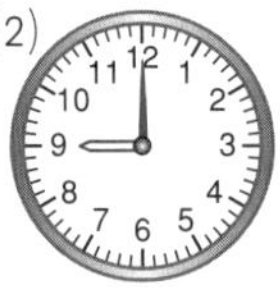
(3)
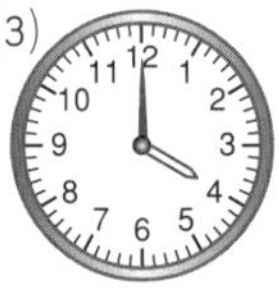
(4)
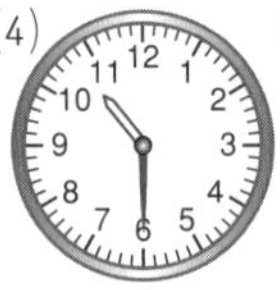
(5)
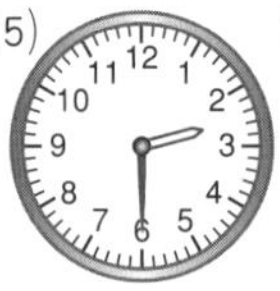
(6)
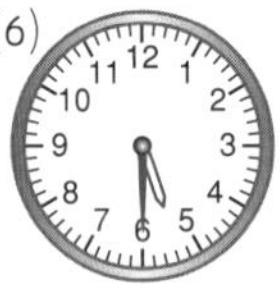
(7)
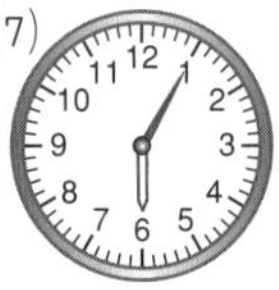
(8)
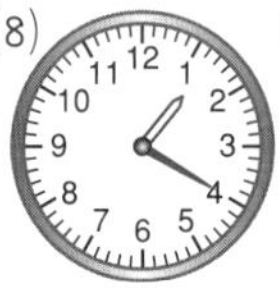
(9)

**2** ア→ウ→エ→イ

**3** (れい)みじかい はりが 2と 3の あいだで，3に ちかい ところに あるから。

**4** (1)
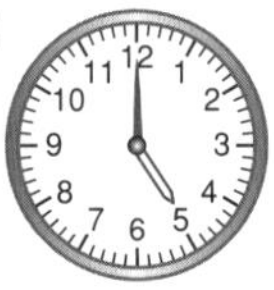
(2)5 じ

## 指導のポイント

**1** 時計の時刻を読み取る学習です。
わからなければ　短針は何時を示し，長針は何分を示しています。30 分を「半」ともいいます。

**2** 長針が 1 目盛りずつ動いていることに着目させます。
わからなければ　実物の時計の針の動きを観察させて，どちらのほうへ回るのか理解させましょう。

**3** 時計の針の進み方を考えます。
時計には目盛りが 60 あり，長針が 1 回転する間に短針は数字 1 つ分進みます。長針と短針が動く目盛りの関係を確実に覚えさせましょう。
わからなければ　実物の時計を動かして調べさせましょう。

**1** 指定された時刻の短針や長針を時計にかき込みます。
わからなければ　5 時半の場合，長針は 6 を指し，短針は 5 と 6 の間を指します。何時半の場合，短針が指定された時刻の数字とその次の数字の間を指していることに注意させましょう。

**2** 短針が数字を指し，長針が 12 を指しているときは短針が指している時刻です。
短針が数字の間にあり，長針が 6 を指しているときは，短針が間にある数字のうち小さいほうを見ます。（1 と 2 の間なら 1 を見て，1 時 30 分になります。）

**3** 短針の位置から，大体の時刻を推測します。
短針が 3 の近くで，長針が 12 より少し左側にあるときは「3 時前」，長針が 12 より少し右側にあるときは「3 時過ぎ」という表現があります。これらをいろいろな時刻の場合で見せ，理解させましょう。

**4** 時刻の文章問題です。
わからなければ　長針を 4 時から 1 回転させて，時刻を調べさせましょう。

# 24 せいりの しかた

p.114〜117

## 標準クラス

**1**

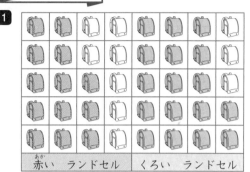

| 赤い ランドセル | くろい ランドセル |
|---|---|

**2**

| ☆ | ● | □ | ◇ | △ |
|---|---|---|---|---|
| ☆ | ● | □ | ◇ | △ |
| ☆ | ● | □ | ◆ | △ |
| ☆ | ● | □ | ◆ | △ |
| ☆ | ● | ■ | ◆ | △ |
| ☆ | ● | ■ | ◆ | △ |
| ☆ | ● | ■ | ◆ | △ |
| ☆ | ● | ■ | ◆ | △ |
| ☆ | ● | ■ | ◆ | △ |
| ☆ | ● | ■ | ◆ | △ |

## ハイクラス

**1** (1)

| い ち ご | バ ナ ナ | り ん ご | な し | パ イ ナ ッ プ ル | ぶ ど う | メ ロ ン | み か ん |
|---|---|---|---|---|---|---|---|

(2)（左から）5, 1, 5, 3, 7, 8, 2, 4

(3) ぶどう

(4) パイナップル

(5) りんご

(6)（れい）・いちばん 大きの ない くだ
ものは バナナです。
・メロンを えらんだ 人は, 2人です。

---

## 📖 指導のポイント

**1** 赤と黒のランドセルの個数を数えるときに, 見やす
く整理する問題です。色を塗るときには, 左下から上に,
5個塗ったら, 次の列の下から塗らせます。左から, 5,
10, 15, ……とかたまりで数えられるところがポイン
トです。

**? わからなければ** 1対1対応で, 線でつないだり, ひ
とつずつチェックしながら色を塗ったりするなど, 確実
に整理させましょう。また, 問題のランドセルを5個
ずつ囲んで, ランドセルが全部で何個あるかを調べさせ
ましょう。そして, 色を塗ったランドセルの数と同じに
なるかを比べさせ, 正しく塗られているかを確認させま
しょう。

**2** 5種類のいろいろな形の数を整理する問題です。同
じ種類のものをまとめる方法を考えさせます。
色を塗るときには, 下から塗らせます。ひと目でどれが
多いか少ないかがわかる経験をさせましょう。

**? わからなければ** まず, それぞれの形がいくつあるか,
数えさせてみるのもよいでしょう。印を付けながら数え
させ, その数だけ, 色を塗らせましょう。どの形が多い
か少ないか, ひと目でわかるように下から順に塗らせる
ことが大切です。

**1** (1) 8種類のくだものの数を整理する問題です。同
じ種類のものをまとめる方法を考えさせます。ここでも,
前の学習を生かして, 色を塗るときには, 下から塗らせ
ます。ひと目でどれが多いか少ないかがわかるようにす
ることが大切です。

**? わからなければ** いちご・バナナ・りんご……と順番に
落ちや重なりがないように, ていねいに作業させましょう。
それぞれのくだものごとに数を数えておいて, 整理した
ものと比べてみてもよいでしょう。

(2)図で表した数を読み取る問題です。

**? わからなければ** 色を塗った○を1つずつ数えさせま
しょう。

(3)(4)(5)資料の最大値と2番目, 同数のものを読み取る
問題です。

**? わからなければ** 色を塗った高さで多いか少ないかが比
較できることを理解させます。

(6)整理した図から, どんなことがわかるか考えさせる問
題です。それぞれの順位や数, 数の違いなどがひと目で
わかることを理解させます。

**? わからなければ** 整理した図から, どれが多いか少ない
かなどわかることを見つけさせましょう。

1 　(1)3 じ 6 ぷん
　　(2)1 じ 24 ぷん
　　(3)9 じ 16 ぷん
　　(4)8 じ 51 ぷん
　　(5)5 じ 33 ぷん
　　(6)11 じ 48 ふん

2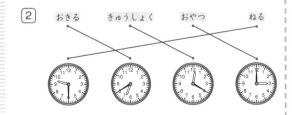

3 　(1)
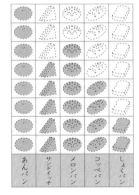

　(2)しょくパン
　(3)2 こ
　(4)(れい)
　　(もんだい)いちばん　かずが　おおい
　　パンは　なんですか。
　　(こたえ)あんパン
　　(もんだい)あんパンより　3こ　すくな
　　い　パンは　なんですか。
　　(こたえ)サンドイッチ
　　(もんだい)パンは　ぜんぶで　なんこ
　　ありますか。
　　(こたえ)25 こ

📖 指導のポイント

1 何時何分の時計の読み方の習熟度をみる問題です。
長針を，「5，10，15，…」と 5 とびに読み，20 と 4
で 24 分と，効率的に読めるように練習させましょう。

❓ わからなければ　実物の時計で練習させましょう。

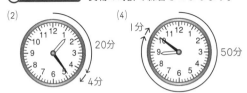

(2)　　　　　　　　　(4)

(4)と(6)は，短針の位置に注意させましょう。8 と 9 の
間にあれば 8 時台，11 と 12 の間にあれば 11 時台で
あることを思い出させましょう。

2 生活と結びつけて時計を見ます。

❓ わからなければ　「おやつの時間は？」と質問したり，
自分の生活を振り返ったりして考えさせましょう。午前
か午後かにも注意させるようにしましょう。

3 図にかかれたパンの数を，種類ごとに表に整理して
考えさせる問題です。

数え忘れや重複して数えないよう，かかれたパンに印を
付けながら調べていきます。表に色を塗るときは，下か
ら順に塗るようにします。表に整理することで，それぞ
れの種類のパンが何個あるか，どのパンが多いか少ない
かがわかりやすくなることに気づかせます。

1 (1) ア イ

ウ エ

(2) ウ
(3) ア
(4) エ

2

4 じはん（4 じ 30 ぷん）

3 (1)

| | | | | | | | | | | | |
|---|---|---|---|---|---|---|---|---|---|---|---|
| | | ○ | | ○ | | | | | | | |
| ○ | | ○ | | ○ | ○ | | | | | | ○ |
| ○ | | ○ | | ○ | ○ | | ○ | | ○ | | ○ |
| ○ | ○ | ○ | ○ | ○ | ○ | ○ | ○ | | ○ | ○ | ○ |
| 1 月 | 2 月 | 3 月 | 4 月 | 5 月 | 6 月 | 7 月 | 8 月 | 9 月 | 10 月 | 11 月 | 12 月 |

(2) 5 月
(3) 9 月
(4) （れい）
・9 月　生まれは　1 人も　いない。
・1 月，12 月　生まれは　4 人で　おなじ。
・7 月　生まれは　1 人しか　いない。

---

📖 指導のポイント

1 指定された時刻の長針を時計にかき込んだり「何時前」「何時過ぎ」の時計の理解をみる問題です。
? **わからなければ** 実物の時計の針を進めて調べさせましょう。
アナログ時計は時間の経過がわかりやすい特長があります。生活の中にアナログ時計を置いて，目に触れる機会を持たせるようにしましょう。

2 長針が 1 回り進んだ，つまり 1 時間後の時計の針の位置と，その時刻を求める問題です。
長針が 1 回転する間に，短針は数字 1 つ分進みます。3 と 4 の真ん中にあった短針は 4 と 5 の間へ進むことを理解させます。
? **わからなければ** 実物の時計の針を進めて調べさせましょう。

3 友だちの誕生月を整理して考える問題です。
○の大きさもできるだけそろえるようにさせます。○は，下から上に積み上げていきます。まとめた図からわかることをたくさん見つけさせましょう。
? **わからなければ** 1 月から順にチェックしながら数えさせましょう。
バラバラだったときにはわからなかったことが，整理するとわかるようになることがあります。ひと目で多いか少ないかがわかることなど，整理することのよさを理解させます。
また，下のようにかくのは大変なので，○を使うのが便利なことにも気づかせましょう。

| | | | 5月 | | | | | | |
|---|---|---|---|---|---|---|---|---|---|
| | 3月 | | 5月 | | | | | | 12月 |
| 1月 | 3月 | | 5月 | 6月 | | 8月 | | | 12月 |
| 1月 | 2月 | 3月 | | 5月 | 6月 | | 8月 | 10月 | 11月 | 12月 |
| 1月 | 2月 | 3月 | 4月 | 5月 | 6月 | 7月 | 8月 | 10月 | 11月 | 12月 |

1 (1)（れい）

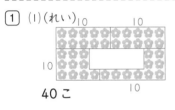

**40 こ**

(2)（れい）

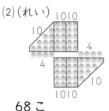

**68 こ**

2 (1)63

(2)67

(3)43

(4)68

(5)（左から）49, 64, 75, 87, 101

(6)（左から）70, 71, 72

(7)（左から）120, 110, 90

3 (1)71　　　(2)52

(3)44　　　(4)65

(5)58　　　(6)111

4 (1)7　　　(2)19

(3)15　　　(4)11

(5)68　　　(6)56

(7)100　　(8)96

(9)6　　　(10)13

(11)8　　　(12)6

(13)70　　(14)72

(15)40　　(16)50

(17)10　　(18)12

(19)9　　　(20)6

📖 指導のポイント

1 100 までの数を数えます。

間違いなく数えるにはどうしたらよいか考えさせます。工夫して，10 のまとまりをつくらせましょう。

❓ わからなければ 1 つずつチェックしながら正確に数えさせます。10 のまとまりにするとわかりやすく便利なことに気づかせるようにしましょう。

2 数の構成や順序，大きさを考える問題です。

❓ わからなければ 1 から 120 までの数字を書かせ，それを使って考えさせましょう。

(3)数の線を使って考えると，

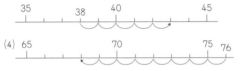

(4) 65　　　70　　　75　76

(6)は，左から順に，67, 68, 69 と 1 ずつ増えています。

(7)は，右から順に，70, 80 と 10 ずつ増えていることを確認させましょう。

3 数の大小を判断させます。

❓ わからなければ 百の位，十の位，一の位の順に比べさせます。

2 位数どうしの場合，十の位の大きさが等しければ，一の位の大きさで判断させましょう。

4 1 年生で習う計算問題の復習です。すべて正確にできるようにしましょう。

❓ わからなければ 具体物または，数の線を使って考えさせましょう。

(14)は，十の位は 7，一の位は 8−6＝2 だから 72 です。

(17)〜(20) 3 つの数の計算は左から順に計算します。

## そうしあげテスト②

1　(1)11 じ 35 ふん
　　(2)9 じ 40 ぷん
　　(3)5 じ 55 ふん
　　(4)2 じ 5 ふん

2　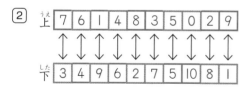

| 上 | 7 | 6 | 1 | 4 | 8 | 3 | 5 | 0 | 2 | 9 |
| --- | --- | --- | --- | --- | --- | --- | --- | --- | --- | --- |
| 下 | 3 | 4 | 9 | 6 | 2 | 7 | 5 | 10 | 8 | 1 |

3　(左から)1, 2, 3

4　(1)(左から)1, 3, 2
　　(2)(左から)3, 2, 1

5　(しき)□＋7＝11
　　(こたえ)4

6　(左から)2, 4, 3, 1

7　(しき)58－3＝55
　　(こたえ)55 こ

---

📖 指導のポイント

1　何時何分か，正確に時刻が読み取れるようにします。
？わからなければ　短針は何時を示し，長針は何分を示すということを再確認させましょう。普段の生活の中で時計を読めるようにさせることが大切です。

2　10になる組み合わせを考える問題です。繰り上がり，繰り下がりの計算の基本でもあります。合わせて 10 になる数をすぐに言えるように，覚えてしまうまで，何度も練習させましょう。

3　ドットを利用して書かれた線の長さを比べさせます。点と点の間の長さを1として，線の長さを数値化して考えさせます。
実際に線の長さを測らなくても，同じ長さを単位として数値化することで，長さを比較できることを理解させましょう。
？わからなければ　出発点を決めて，線の端からもう一方の端まで何個ドットがあるか数えさせましょう。

4　任意単位の大きさでつくられた形の広さを比べる問題です。
まずはじめに，どの形・大きさを単位とするかを明確にすることが大切です。
？わからなければ　基準とする大きさの形が何個あるかを数値化して考えさせましょう。

5　求める答えであるある数を□として，問題文を式に表し，□を求めさせます。求めた数に 7 をたすと，11 になることを確かめてみましょう。
？わからなければ　ある数を□として，図に表して考えさせます。

　　　　　　　　　　　　　　□＋7＝11

□＝11－7＝4

図をかくのが難しそうであれば，「16.□の　ある　しき」(p.70〜73)を復習させましょう。

6　入れ物の条件を考えて比べさせましょう。
？わからなければ　水の量を写しとって，重ねて，直接比べさせましょう。

7　問題場面を把握して立式させましょう。
？わからなければ　まず，赤と白ではどちらが多いのかを考えさせましょう。

## そうしあげテスト③　p.126～128

1 （左から）1, 3, 4, 2

2 （上から）4, 3, 2, 1

3 (1)4　(2)13　(3)15　(4)5　(5)6　(6)9
　(7)28　(8)70　(9)100　(10)80　(11)30
　(12)60　(13)5　(14)7　(15)16　(16)10

4 (1)103　(2)60

5 （左から）8, 17, 50

6 (1)8　(2)5　(3)36　(4)（左から）60, 80
　(5)（左から）95, 85

7 (1)4　(2)9　(3)4　(4)8

8 （しき）7＋8＝15
　（こたえ）15まい

9 （しき）10＋1＋30＝41
　（こたえ）41人

10 （しき）14－4＝10　10－4＝6
　　　　6－4＝2
　　　　または，14－4－4－4＝2
　（こたえ）2こ

---

### 📖 指導のポイント

1 立方体の積み木の数を比べるときは，見えない位置に置かれている積み木を考えさせることが大切です。
**？ わからなければ** 積み木を実際に積んで，その数を比べさせましょう。見えない位置の積み木を確認させます。

2 長さを比べるときは，まっすぐに伸ばして，端をそろえることを理解させます。長さは太さとは関係ないことも確認しておきましょう。
**？ わからなければ** 問題の線の上をなぞらせて，長さを体感させましょう。

3 いろいろな計算練習です。速く正確にできるようにさせましょう。
**？ わからなければ** ブロックやおはじきで確かめさせます。2位数は，「10のまとまりがいくつ」と，「ばらがいくつ」に分けて考えさせます。

4 2位数の数のしくみについての問題です。
**？ わからなければ** 2位数は，十の位と一の位で構成されています。10がいくつあるかを十の位に，1がいくつあるかを一の位に書かせましょう。

5 数の合成・分解をする問題です。
**？ わからなければ** おはじきなどを操作して，正確にできるようにさせましょう。

6 数の構成や，きまりにしたがって数の並べ方を考えさせます。
**？ わからなければ** (1)は，87は十の位が8，一の位が7だから，10が8個と1が7個ということを確認させましょう。(4)(5)は，見えている数で，そのきまりを予想させましょう。

7 2つや3つの数によるたし算・ひき算の計算で，隠された数を考えさせます。
**？ わからなければ** (3)の10＋□－8＝6の場合，答えから逆に考えていくと，8をひいて6になることから，
10＋□＝14
10に□をたして14になることから，14から10をひくと，□になります。
したがって，□＝14－10です。

8 「あげる」ことからひき算と考えがちですが，はじめの数を求めることから，たし算の文章問題です。
**？ わからなければ** 図をかいて問題場面を理解させるなど，問題の構成に注意して取り組ませます。

9 さきこさんの前の人数とさきこさんとさきこさんの後ろの人数をたして求めます。
**？ わからなければ** 「14.いろいろな　もんだい①」(p.62～65)を復習させましょう。数値が大きくなっているので，○を使った図よりも線分図やテープ図が便利です。

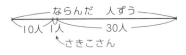

10 繰り返しひき算をする文章問題です。
問題文に書かれている数字に迷わされることなく，問題の意味を正しく理解させます。
**？ わからなければ** 袋に4個ずつ詰めることから，4個ずつ減っていくことを知らせましょう。あめをおはじきに置き換えて，実際に操作させて問題場面を理解させましょう。